山东省示范校建设丛书

CHEGONG GONGYI YU JINENG SHIXUN

车工工艺与技能实训

主编◎刘士兵

中国纺织出版社

图书在版编目（CIP）数据

车工工艺与技能实训 / 刘士兵主编. -- 北京 ：中
国纺织出版社,2017.7 （2022.7重印）
ISBN 978-7-5180-3734-6

Ⅰ.①车… Ⅱ.①刘… Ⅲ.①车削-基本知识 Ⅳ.
①TG510.6

中国版本图书馆 CIP 数据核字(2017)第 151129 号

策划编辑：樊雅莉　　责任印制：王艳丽

中国纺织出版社出版发行
地址：北京市朝阳区百子湾东里 A407 号楼　邮政编码：100124
销售电话：010-67004422　传真：010-87155801
http：//www.c-textilep.com
E-mail: faxing@c-textilep.Com
中国纺织出版社天猫旗舰店
官方微博 http://weibo.com/2119887771
三河市延风印装有限公司印刷　各地新华书店经销
2017 年 7 月第 1 版　2022 年 7 月第 2 次印刷
开本：787×1092　1/16　印张：11.5
字数：170 千字　定价：48.00元

《车工工艺与技能实训》编委会

主　编

刘士兵

副主编

张　利　杨小娟　尚善敏

编　者

李　猛　张志彦　李　娟

《车工工艺与技能实训》课程项目教学方案设计项目一揽表

序号	课程项目	课程模块（任务、情境）	模块课时	项目课时
一	车工基础知识	模块一　车床操纵练习	2	16
		模块二　卡盘装卸练习	4	
		模块三　工件装夹找正练习	2	
		模块四　车刀的刃磨	4	
		模块五　量具的测量练习	2	
		模块六　车床的润滑和维护保养	2	
二	轴类零件的加工	模块一　手动进给车削外圆和端面	4	14
		模块二　机动进给车削外圆和端面	4	
		模块三　车削台阶工件	6	
三	车沟槽和切断	模块一　切断刀和切槽刀的刃磨	2	12
		模块二　切断	4	
		模块三　车外沟槽	6	
四	套类零件的加工	模块一　麻花钻的刃磨	2	18
		模块二　内孔车刀的刃磨	2	
		模块三　钻孔和铰孔	4	
		模块四　镗削通孔	4	
		模块五　镗削盲孔和台阶孔	6	
五	车削圆锥	模块一　转动小滑板车圆锥体	6	18
		模块二　偏移尾座车削圆锥体	6	
		模块三　车内圆锥	6	

序号	课程项目	课程模块（任务、情境）	模块课时	项目课时
六	车成形面和表面修饰	模块一 车成形面	6	10
		模块二 滚花	4	
七	车内外三角螺纹	模块一 内外三角螺纹车刀的刃磨	2	14
		模块二 车三角形外螺纹	4	
		模块三 车三角形内螺纹	4	
		模块四 高速车削三角形外螺纹	4	
八	车梯形螺纹	模块一 梯形螺纹刀的刃磨	4	12
		模块二 车梯形螺纹	8	
九	车蜗杆和多线螺纹	模块一 车蜗杆	8	18
		模块二 车多线螺纹	10	
十	车削偏心工件	模块一 在自定心卡盘上车削偏心工件	6	12
		模块二 在单动卡盘上车削偏心工件	6	
合计				144

前　言

外为了更好的适应我校机械加工技术专业车工实习教学的要求,在学校领导的大力支持下,我系专业老师对《车工工艺与技能实训》内容进行了改编,使之更切合学校实际情况,以便更高效地教学。

这次实训教材的编订主要有以下几个特点。

1.结合我校实际,以突出学生动手操作能力为核心。根据机械加工技术专业毕业生所从事职业的实际需求,确定学生的知识结构和能力结构,适当增加了基础知识和基本技能的内容,以满足社会不同岗位的需求,提高学生对不同岗位的适应能力。

2.在教学内容上,吸收和借鉴了兄弟学校的经验和企业的需求情况,力求理论教学与实践教学一体化。在内容安排上,以中高级车工技能鉴定内容为主,包括 10 个项目和 32 个模块,由浅入深,由易到难,适合不同层次的学生实习。同时,力求做到突出实用性,降低难度,加强了有关国家职业标准的知识和技能。

3.在教材内容编排方面,引进项目教学法和任务驱动法等先进教学理念,调整以往教材内容顺序,使之更符合认知规律,从而提高教学效率。

本教材可供机械加工技术和数控技术应用专业车工实训用,也可供短期培训使用。

由于编者水平有限,书中难免存在缺点和疏漏,恳请广大读者批评指正。

目 录

项目一

车工基础知识

项目描述

本项目是车削加工的基础内容,包括车床操纵、卡盘装卸、工件装夹、刀具刃磨、量具测量和车床润滑保养六个模块。通过本项目的学习,学会简单操作车床、装夹工件、刃磨车刀、测量尺寸和保养润滑车床等,为后面内容的学习打好基础。

模块一 车床操纵练习

一、模块描述

本模块是学生通过观看PPT和观察老师在车间的车床操纵演示,在老师指导下,经过反复练习,能够按考(表1–1)核表所列要求熟练完成车床操纵任务。

表1–1 车床操纵任务考核表

班级		小组		姓名		日期	
序号	考核内容		要求			分值	得分
1	开关电源		电源开关的正确顺序			5	
2	主轴		1.正转反转 2.调整转速			10	
3	滑板		1.大托盘 2.中滑板 3.小滑板			15	
4	进给		1.纵向进退刀 2.横向进退刀 3.调整进给速度			50	
5	文明安全操作		1.安全着装 2.按指令操作 3.遵守纪律			20	
合计							

二、教学目标

（1）了解车床型号、规格及主要部件的名称和作用。

（2）熟练操作床鞍（大拖板）、中滑板（中拖板）、小滑板（小拖板）进退刀。

（3）能根据要求熟练地对各手柄位置进行正确调整。

（4）懂得车床维护、保养及文明生产和安全技术知识。

三、教学资源

（1）理实一体化教室。

（2）PPT多媒体教学课件（动画演示车床操纵）。

（3）5~10台车床及其保养工具。

（4）每人一张任务考核表。

四、教学组织

（1）实操前指导分组，每组4人，由组长、安全员和质检员组成；上岗实操，4人一台车床，1人操作，另选择1人监督，并填写任务表和安全文明操作部分内容；完成后，轮换岗位。

（2）通过PPT多媒体教学课件，演示车床操纵过程，展现课程任务，使学生产生感性认识。

五、教学过程

1.任务呈现

引入课程，使学生了解车工的概念，车床的组成和操作。

2.任务分析

实物分析车床组成，确定车床操纵内容。

3.教师演示操作

分析确定车床操作任务，实施任务。

4.学生独立操作

根据任务完成车床操作任务。教师巡视指导。

5.评价展示

对学生的完成情况进行评价。

六、相关工艺知识

（一）车床结构

1.车床各部分名称及其作用

普通车床的结构与传动系统如图1-1所示。

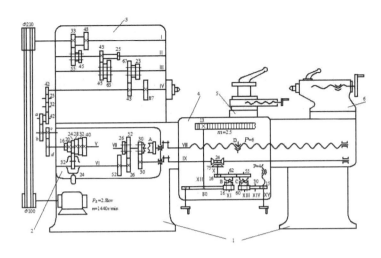

1-床身　2-进给箱　3-主轴箱　4-溜板箱　5-刀架　6-尾座

图 1-1　普通车床的结构与传动系统

(1)主轴部分。

①主轴箱内有多组齿轮变速机构,变换箱外手柄位置,可以使主轴得到各种不同的转速。

②卡盘用来夹持工件,带动工件一起旋转。

(2)挂轮箱部分。它的作用是把主轴的旋转运动传送给进给箱。变换箱内齿轮,并和进给箱及长丝杠配合,可以车削各种不同螺距的螺纹。

(3)进给部分。

①进给箱。利用它内部的齿轮传动机构,可以把主轴传递的动力传给光杠或丝杠得到各种不同的转速。

②丝杠。用来车削螺纹。

③光杠。用来传动动力,带动床鞍、中滑板,使车刀作纵向或横向的进给运动。

(4)溜板部分。

①溜板箱。变换箱外手柄位置,在光杠或丝杠的传动下,可使车刀按要求方向作进给运动。

②滑板。分床鞍、中滑板、小滑板三种。床鞍作纵向移动、中滑板作横向移动,小滑板通常作纵向移动。

③刀架。用来装夹车刀。

④尾座。用来安装顶尖,支顶较长工件。它还可以安装其他切削刀具,如钻头、绞刀等。

⑤床身。用来支持和安装车床的各个部件。床身上面有两条精确的导轨,床鞍和尾座可沿着导轨移动。

⑥附件。中心架和跟刀架,车削较长工件时,起支撑作用。

2.车床各部分传动关系

电动机输出的动力,经皮带传给主轴箱带动主轴、卡盘和工件作旋转运动。此外,主轴的旋转还通过挂轮箱、进给箱、光杠或丝杠到溜板箱,带动床鞍、刀架沿导轨作直线运动(图1-2)。

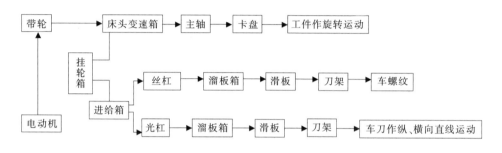

图1-2 车床的传动系统框图

(二)操纵练习步骤

1.床鞍、中滑板和小滑板摇动练习

(1)中滑板和小滑板慢速均匀移动,要求双手交替动作自如。

(2)分清中滑板的进退刀方向,要求反应灵活,动作准确。

2.车床的启动和停止

练习主轴箱和进给箱的变速,变换溜板箱的手柄位置,进行纵横机动进给练习。

(三)注意事项

(1)要求每台机床都具有防护设施。

(2)摇动滑板时要集中注意力,做模拟切削运动。

(3)倒顺电气开关不准连接,确保安全。

(4)变换车速时,应停车进行。

(5)车床运转操作时,转速要慢,注意防止左右前后碰撞,以免发生事故。

七、评价方案

车床操纵评价见表1-2。

表1-2 车床操纵评价表

评价内容	评价依据	权重
知识	1.依据课堂提问回答情况 2.依据课时任务表完成情况	30%
技能	1.依据课内项目完成情况 2.依据课外项目完成情况	50%
态度(规范、仔细、对质量的追求、创造性等)	1.迟到早退1次各扣5分,旷课1次扣10分,累计3次及以上(包括迟到早退累计3次),取消该门课程的成绩 2.将手机、无关书籍、零食带进实训室1次扣5分 3.做和上课无关的事情各扣5分(聊天、睡觉、追逐打闹、不服从管理等) 4.迟交作业或不按项目要求完成作业1次扣5分	20%

模块二 卡盘装拆练习

一、模块描述

本模块是学生通过观察老师在车床上的加工过程的操作和观看PPT,经过老师的指导和反复练习,能够按考核表所列要求独立完成卡盘的装拆。

表1-3 卡盘拆装任务考核表

班级		小组		姓名		日期	
序号	考核内容		要求			分值	得分
1	卡盘零部件的拆装		1.拆卡盘,细心摆放零部件 2.装卡盘零部件			30	
2	卡爪的拆装		1.正确卸下三爪 2.正确安装三爪 3.正确安装反爪			20	
3	卡盘从主轴上拆装		1.从主轴拆卸卡盘操作 2.往主轴安装卡盘操作			30	
4	文明安全操作		1.安全着装 2.操作注意保护车床 3.遵守操作规程 4.正确摆放零部件			20	
合计							

二、教学目标

(1)了解自定心卡盘(三爪卡盘)的规格、结构及其作用。

(2)能熟练装拆自定心卡盘。

三、教学资源

(1)理实一体化教室。

(2)PPT多媒体教学课件(视频演示卡盘的作用和装拆操作)。

(3)5~10台车床及卡盘装拆工具。

（4）每人一张任务考核表。

四、教学组织

（1）实操前指导分组,每组4人,由组长、安全员和质检员组成;上岗实操,4人一台车床,1人操作,另选择1人监督,并填写任务表和安全文明操作部分内容;完成后,轮换岗位。

（2）通过PPT多媒体教学课件,演示车床加工和卡盘装拆操作过程,展现课程任务,演示操作过程,使学生感性认识卡盘的作用和装拆操作过程。

五、教学过程

1.任务呈现

引入课程,使学生了解卡盘的功能和结构。

2.任务分析

实物分析卡盘组成,确定拆装任务。

3.教师演示操作

分析确定拆装步骤,实施拆装任务。

4.学生独立操作

根据任务要求完成卡盘拆装。教师巡视指导。

5.评价展示

对同学们任务完成情况进行评价。

六、相关工艺知识

(一)卡盘结构

自定心卡盘是车床上的常用工具,它的结构和形状如图1-3所示。当卡盘扳手插入小锥齿轮的方孔中转动时,就带动大锥齿轮旋转。大锥齿轮背面是平面螺纹,平面螺纹又和卡爪的端面螺纹啮合,因此就能带动三个卡爪同时作向心或离心移动。

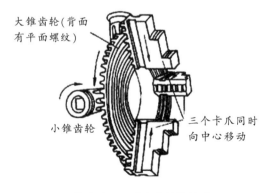

图1-3 三爪卡盘的结构图

1.定心卡盘的规格

常用的公制自定心卡盘规格有150mm、200mm、250mm。

2.自定心卡盘的拆装步骤(图1-4)

(1)拆自定心卡盘零部件的步骤和方法。

①松去三个定位螺钉6,取出三个小锥齿轮2。

②松去三个紧固螺钉7取出防尘盖板5和带有平面螺纹的大锥齿轮3。

(2)装三个卡爪的方法。装卡盘时,用卡盘扳手的方榫插入小锥齿轮的方孔中旋转、带动大锥齿轮的平面螺纹转动。当平面螺纹的螺口转到将要接近壳体槽时,将1号卡爪装入壳体槽内。其余两个卡爪按2号、3号顺序装入,装的方法与前相同。

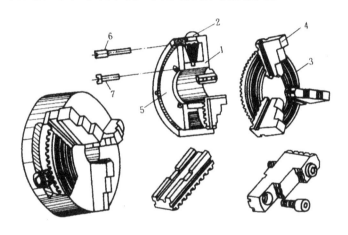

图1-4　三爪上卡盘的拆装

3.卡盘在主轴上装卸练习

(1)装卡盘时,首先将连接部分擦净,加油确保卡盘安装的准确性。

(2)卡盘旋上主轴后,应使卡盘法兰的平面和主轴平面贴紧。

(3)卸卡盘时,在操作者对面的卡爪与导轨面之间放置一定高度的硬木块或软金属,然后将卡爪转至近水平位置,慢速倒车冲撞。当卡盘松动后,必须立即停车,然后用双手把卡盘旋下。

(二)注意事项

(1)在主轴上安装卡盘时,应在主轴孔内插一铁棒,并垫好床面护板,防止砸坏床面。

(2)安装三个卡爪时,应按逆时针方向顺序进行,并防止平面螺纹转过头。

(3)装卡盘时,不准开车,以防危险。

七、评价方案

卡盘装拆评价见表1-4。

表1-4　卡盘装拆评价表

评价内容	评价依据	权重
知识	1.依据课堂提问回答情况 2.依据课时任务表完成情况	30%
技能	1.依据课内项目完成情况 2.依据课外项目完成情况	50%
态度（规范、仔细、对质量的追求、创造性等）	1.迟到早退1次各扣5分，旷课1次扣10分，累计3次及以上（包括迟到早退累计3次），取消该门课程的成绩 2.将手机、无关书籍、零食带进实训室，1次扣5分 3.做和上课无关的事情各扣5分（聊天、睡觉、追逐打闹、不服从管理等） 4.迟交作业或不按项目要求完成作业，1次扣5分	20%

模块三　工件装夹找正练习

一、模块描述

工件的装夹与找正是车工的基本技能。本模块是学生通过观察老师在车床上的演示操作和观看PPT，然后在老师指导下反复练习，能够按考核表（表1-5）所列要求独立完成工件的装夹与找正操作。

表1-5　工件装夹找正任务考核表

班级		小组		姓名		日期		
序号	考核内容		要求			分值	得分	
1	工件装夹		夹持长度			20		
2	找正		1.目测找正 2.划线盘找正 3.开车找正			40		
3	夹紧		夹紧牢固可靠			20		
4	文明安全操作		1.安全着装 2.分组有序 3.操作过程合理有效 4.合理摆放工具			20		
合计								

二、教学目标

（1）懂得工件的装夹和找正的意义。

（2）掌握工件的找正方法和注意事项。

三、教学资源

（1）理实一体化教室。

（2）PPT多媒体教学课件（动画视频演示工件装夹和找正操作）。

（3）5~10台车床，圆钢若干，划针盘，铜棒等。

（4）每人一张任务考核表。

四、教学组织

（1）实操前指导分组，每组4人，由组长、安全员和质检员组成；上岗实操，4人一台车床，1人操作，另选择1人监督，并填写任务表和安全文明操作部分内容；完成后，轮换岗位。

（2）通过PPT多媒体教学课件，演示工件装夹找正操作过程，展现课程任务，演示操作过程，使学生感性认识工件装夹和找正过程。

五、教学过程

1.任务呈现

引入课程，使学生了解工件装夹找正的作用和操作方法。

2.任务分析

实物分析用三爪卡盘装夹找正工件，确定操作任务。

3.教师演示操作

分析确定三种找正方法，实施装夹找正任务。

4.学生独立操作

根据任务考核要求完成工件装夹找正操作。教师巡视指导。

5.评价展示

对找正装夹好的工件进行检测评价。

六、相关工艺知识

(一)工件找正的意义

找正工件就是将工件安装在卡盘上，使工件的中心与车床主轴的旋转中心取得一致，这一过程称为找正工件。

(二)找正的方法

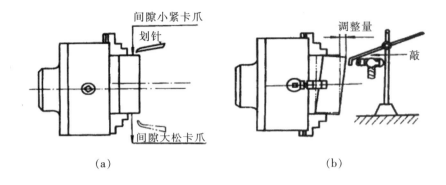

图1-5 工件的找正

1.目测法

工件夹在卡盘上使工件旋转,观察工件跳动情况,找出最高点,用铜棒敲击高点,再旋转工件,观察工件跳动情况,再敲击高点,直至工件找正为止,最后把工件夹紧。[图1-5(a)]其基本程序如下:工件旋转——观察工件跳动,找出最高点——找正——夹紧。一般要求最高点和最低点在1~2mm以内为宜。

2.使用划针盘找正

车削余量较小的工件可以利用划针盘找正[图1-5(b)]。方法如下:工件装夹后(不可过紧),用划针对准工件外圆并留有一定的间隙,转动卡盘使工件旋转,观察划针在工件圆周上的间隙,调正最大间隙和最小间隙,使其达到间隙均匀一致,最后将工件夹紧。此种方法一般找正精度在0.5mm~0.15mm以内。

3.开车找正法

在刀台上装夹一个刀杆(或硬木块),工件装夹在卡盘上(不可用力夹紧),开车是工件旋转,刀杆向工件靠近,直至把工件靠正,然后夹紧。此种方法较为简单,快捷,但必须注意工件夹紧程度,不可太尽也不可太松。

(三)注意事项及安全

(1)找正较大的工件,车床导轨上应垫防护板,以防工件掉下砸坏车床。

(2)找正工件时,主轴应放在空挡位置,并用手搬动卡盘旋转。

(3)找正时敲击一次工件应轻轻夹紧一次,最后工件找正合格应将工件夹紧。

(4)找正工件要有耐心,并且细心,不可急躁,并注意安全。

七、评价方案

工件装夹找正任务评价见表1-6。

表1-6　工件装夹找正任务评价表

评价内容	评价依据	权重
知识	1.依据课堂提问回答情况 2.依据课时任务表完成情况	30%
技能	1.依据课内项目完成情况 2.依据课外项目完成情况	50%
态度（规范、仔细、对质量的追求、创造性等）	1.迟到早退1次各扣5分，旷课1次扣10分，累计3次及以上（包括迟到早退累计3次），取消该门课程的成绩 2.将手机、无关书籍、零食带进实训室1次扣5分 3.做和上课无关的事情各扣5分（聊天、睡觉、追逐打闹、不服从管理等） 4.迟交作业或不按项目要求完成作业1次扣5分	20%

模块四　车刀的刃磨

一、模块描述

本模块是学生通过观察老师在车床上的加工过程的操作，老师在砂轮房实地演示操作和观看PPT,经过老师的知道和自己的练习,能够按考核表(表1-7)所列要求独立完成45°车刀、90°车刀和普通三角螺纹车刀三类车刀的刃磨。

表1-7　车刀的刃磨任务考核表

班级		小组		姓名		日期		
序号	考核内容		要求			分值	得分	
1	前刀面的磨削		前角$\gamma_0=10°\sim15°$ 刃倾角$\lambda_s=\lambda_s=0°\sim5°$			20		
2	主后刀面的磨削		后角$\alpha_0=\alpha_0=4°\sim6°$			10		
3	副后刀面的磨削		副后角$\alpha'_0=\alpha'_0=4°\sim6°$			10		
4	主切削刃的磨削		刃宽$0.2\sim0.4$mm			20		
5	断屑槽的磨削		槽宽$3\sim5$mm			10		
6	三角螺纹车刀的磨削		牙型角$\alpha=\alpha=57°\sim60°$			10		
7	文明安全操作		1.安全着装 2.正确开启、使用砂轮机 3.正确刃磨车刀 4.正确摆放刀具			20		
合计								

二、教学目标

（1）了解车刀的材料和种类。

（2）能正确选用砂轮。

（3）初步掌握车刀的刃磨方法和安全措施。

三、教学资源

（1）理实一体化教室。

（2）PPT多媒体教学课件（动画演示砂轮机使用和刀具刃磨操作）。

（3）四台砂轮机、每人三把不同车刀。

（4）每人一张任务考核表。

四、教学组织

（1）实操前指导分组，每组4人，由组长、安全员和质检员组成；上岗实操，4人一台砂轮机，1人操作，另选择1人监督，并填写任务表和安全文明操作部分内容；完成后，轮换岗位。

（2）通过PPT多媒体教学课件，演示车床加工和刀具刃磨操作过程，展现课程任务，演示操作过程，使学生感性认识车削和刀具磨削过程。

五、教学过程

1.任务呈现

引入课程，使学生了解车刀的种类及其用途。

2.任务分析

实物分析车刀组成，确定磨削部分。

3.教师演示操作

分析确定车刀刃磨的部分，实施刃磨任务。

4.学生独立操作

根据任务完成刀具刃磨。教师巡视指导。

5.评价展示

对刃磨的车刀进行检测评价。

六、相关工艺知识

（一）车刀刃磨

1.车刀

（1）车刀的材料（刀头部分）。用的车刀材料，一般有高速钢和硬质合金两类。

（2）车刀的种类。常用的车刀有外圆车刀、内孔车刀、螺纹车刀、切断刀等。

2.砂轮

目前常用的砂轮有氧化铝和碳化硅两类。

（1）氧化铝砂轮。适用于高速钢和碳素工具钢刀具的刃磨。

（2）碳化硅砂轮。适用于硬质合金车刀的刃磨。

砂轮的粗细以粒度表示，一般可分为36粒、60粒、80粒和120粒等级别。粒数愈细则表示砂轮的磨料愈细,反之愈粗。粗磨车刀应选粗砂轮,精磨车刀应选细砂轮。

3.车刀的刃磨步骤

现以刀尖角为90°的外圆车刀为例介绍如下。

(1)粗磨。

①磨主后面,同时磨出主偏角及主后角[图1-6(a)]。

②磨副后面,同时磨出副偏角及副后角[图1-6(b)]。

③磨前面,同时磨出前角[图1-6(c)]。

(2)精磨。

①修磨前面。

②修磨主后面和副后面。

③修磨刀尖圆弧[图1-6(d)]。

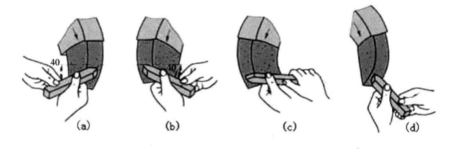

图 1-6　90°的外圆车刀的刃磨步骤

(3)刃磨车刀的姿势及方法。

①人站立在砂轮侧面,以防砂轮碎裂时,碎片飞出伤人。

②两手握刀的距离放开,两肘夹紧腰部,这样可以减小磨刀时的抖动。

③磨刀时,车刀应放在砂轮的水平中心,刀尖略微上翘3°~8°。车刀接触砂轮后应作左右方向水平线移动。当车刀离开砂轮时,刀尖需向上抬起,以防磨好的刀刃被砂轮碰伤。

磨主后面时,刀杆尾部向左偏过一个主偏角的角度[图1-6(a)];磨副后面时,刀杆尾部向右偏过一个副偏角的角度[图1-6(b)]。

修磨刀尖圆弧时,通常以左手握车刀前端为支点,用右手转动车刀尾部[图1-6(d)]。

4.检查车刀角度的方法

(1)目测法。观察车刀角度是否合乎切削要求,刀刃是否锋利,表面是否有裂痕和其他不符合切削要求的缺陷。

(2)量角器和样板测量法。对于角度要求高的车刀,用此法检查(图1-7)。

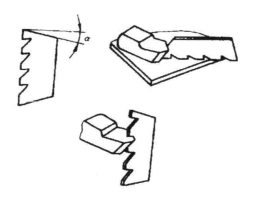

图1-7　用样板检查刀具的几何角度

(二)看生产实习图(图1-8)和确定练习车刀的刃磨步骤

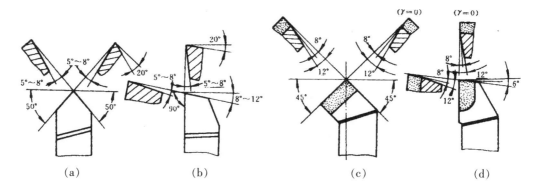

(a)　　　　　　　　(b)　　　　　　　　(c)　　　　　　　　(d)

图1-8　车刀的刃磨实习图

(1)粗磨主后面和副后面。

(2)粗、精磨前面。

(3)精磨主、副后面。

(4)刀尖磨出圆弧。

(三)注意事项

(1)车刀刃磨时,不能用力过大,以防打滑伤手。

(2)车刀高低必须控制在砂轮水平中心,刀头略向上翘,否则会出现后角过大或负后角等弊端。

(3)车刀刃磨时应作水平的左右移动,以免砂轮表面出现凹坑。

(4)在平形砂轮上磨刀时,尽可能避免磨砂轮侧面。

(5)砂轮磨削表面须经常修整,使砂轮没有明显的跳动。对平形砂轮一般可用砂轮刀在砂轮上来回修整(图1-9)。

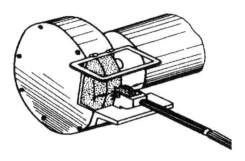

图1-9 砂轮的修整

(6)磨刀时要求戴防护镜。

(7)刃磨硬质合金车刀时,不可把刀头部分放入水中冷却,以防刀片突然冷却而碎裂。刃磨高速钢车刀时,应随时用水冷却,以防车刀过热退火,降低硬度。

(8)在磨刀前,要对砂轮机的防护设施进行检查。如防护罩壳是否齐全;有托架的砂轮,其托架与砂轮之间的间隙是否恰当等。

(9)重新安装砂轮后,要进行检查,经试转后方可使用。

(10)结束后,应随手关闭砂轮机电源。

(11)刃磨练习可以与卡钳的测量练习交叉进行。

(12)车刀刃磨练习的重点是掌握车刀刃磨的姿势和刃磨方法。

七、评价方案

刀具刃磨任务评价见表1-8。

表1-8 刀具刃磨任务评价表

评价内容	评价依据	权重
知识	1.依据课堂提问回答情况 2.依据课时任务表完成情况	30%
技能	1.依据课内项目完成情况 2.依据课外项目完成情况	50%
态度(规范、仔细、对质量的追求、创造性等)	1.迟到早退1次各扣5分,旷课1次扣10分,累计3次及以上(包括迟到早退累计3次),取消该门课程的成绩 2.将手机、无关书籍、零食带进实训室1次扣5分 3.做和上课无关的事情各扣5分(聊天、睡觉、追逐打闹、不服从管理等) 4.迟交作业或不按项目要求完成作业1次扣5分	20%

模块五 量具的测量练习

一、模块描述

能正确使用量具是车工的基本技能要求。本模块是学生通过观察老师的实物讲解和观看PPT,经过老师指导和反复练习测量读数,能够按考核表(表1-9)所列要求独立完成工件的测量任务。

表1-9　量具测量任务考核表

班级		小组		姓名		日期	
序号	考核内容	要求				分值	得分
1	游标卡尺	1.正确说出结构组成 2.会读数 3.正确操作测量尺寸				40	
2	千分尺	1.能说出千分尺的组成 2.会读数 3.正确操作测量尺寸				40	
3	文明安全操作	1.正确调整量具 2.正确使用量具 3.注意爱护量具 4.正确存放量具				20	
合计							

二、教学要求

（1）了解游标卡尺和千分尺的结构、读数原理及读数方法。

（2）掌握游标卡尺和千分尺的测量方法。

（3）掌握游标卡尺和千分尺的维护、保养方法。

三、教学资源

（1）理实一体化教室。

（2）PPT多媒体教学课件（动画演示量具的结构原理和测量操作）。

（3）每组两把游标卡尺和两把千分尺。

（4）每人一张任务考核表。

四、教学组织

（1）将学生分为几个学习小组,每组4人,通过自测、互检的方式共同学习并填写任务表。

（2）通过PPT多媒体教学课件,演示各类量具的结构和使用特点,展现课程任务,演示操作过程,使学生感性认识各类量具。

五、教学过程

1.任务呈现

引入课程,使学生了解量具的种类及其测量和读数方法。

2.任务分析

分析游标卡尺和千分尺的刻线原理。

3.教师演示操作

实测物体,讲解读数方法。

4.学生自测和互测

根据教师所讲方法,学生随意确定长度练习读数。

5.评价展示

对所测尺寸读数进行检测评价。

六、相关工艺知识

(一)量具结构与使用

轴类工件的尺寸常用游标卡尺或千分尺测量。

1.游标卡尺

游标卡尺的式样很多,常用的有两用游标卡尺和双面游标卡尺。以测量精度上分又有0.1mm(1/10)精度游标卡尺,0.05mm(1/2)精度游标卡尺和0.02mm(1/51)精度游标卡尺。下面以0.02mm精度为例进行学习。

(1)0.02mm(1/50)精度游标卡尺刻线原理。尺身每小格为1mm,游标刻线总长为49mm,并等分为50格,因此每格为49/50=0.98mm,则尺身和游标相对之差为1-0.98=0.02mm,所以它的测量精度为0.02mm。

(2)游标卡尺读数方法。首先读出游标零线,在尺身上多少毫米的后面,其次看游标上哪一条刻线与尺身上的刻线相对齐,把尺身上的整毫米数和游标上的小数加起来,即为测量的尺寸读数。

(3)游标卡尺的使用方法和测量范围。游标卡尺的测量范围很广,可以测量工件外径、孔径、长度、深度以及沟槽宽度等,测量工件的姿势和方法如图1-10所示。

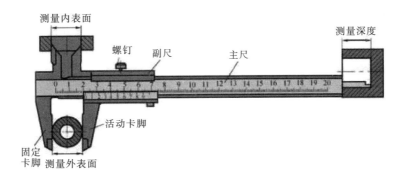

图1-10　游标卡尺的结构与应用

2.千分尺

千分尺(又称螺旋测微器)是生产中最常用的精密量具之一(图1-11)。它的测量精度一般为0.01mm,但由于测微螺杆的精度和结构上的限制,因此其移动量通常为25mm,所以常用的千分尺测量范围分别为0~25mm、25~50mm、50~75mm、75~100mm等,每隔25mm为一档规格。根据用途的不同,千分尺的种类很多,有外径千分尺、内径千分尺、内测千分尺、游标千分尺、螺纹千分尺和壁厚千分尺等,它们虽然用途不同,但都是利用测微螺杆移动的基本原理。这里主要介绍外径千分尺。

图1-11　千分尺

千分尺有尺架、砧座、测微螺杆、锁紧装置、固定套管、微分筒和测力装置等组成(图1-12)。

千分尺在测量前,必须校正零位。如果零位不准,可用专用扳手调整。

(1)千分尺的工作原理。千分尺测微螺杆的螺距为0.5mm,固定套筒上刻线距离,每格为0.5mm(分上下刻线),当微分筒转一周时,测微螺杆就移动0.5mm,微分筒上的圆周上共刻50格,因此当微分筒转一格时(1/50转),测微螺杆移动0.5/50=0.01mm,所以常用的千分尺的测量精度为0.01mm。

(2)千分尺的读数方法。

①先读出固定套管上露出刻线的整毫米数和半毫米数。

②看准微分筒上某一格与固定套管基准线对齐。

③把两个数加起来,即为被测工件的尺寸。

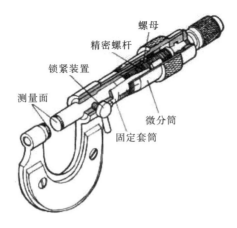

图1-12 千分尺的结构

(二)注意事项

(1)使用游标卡尺测量时,测量平面要垂直于工件中心线,不许敲打卡尺或拿游标卡尺勾铁屑。

(2)工件转动中禁止测量。

(3)使用千分尺要和游标卡尺配合测量,即游标卡尺量大数、千分尺量小数。

(4)测量时左右移动找最小尺寸,前后移动找最大尺寸,当测量头接触工件时可使用棘轮,以免造成测量误差。

(5)用前须校对"零"位,用后擦净涂油放入盒内。

(6)不要把游标卡尺、千分尺与其他工具,刀具混放,更不要把游标卡尺、千分尺当卡规使用,以免降低精度。

(7)千分尺不允许测量粗糙表面。

七、评价方案

量具测量任务评价见表1-10。

表1-10 量具测量任务评价表

评价内容	评价依据	权重
知识	1.依据课堂提问回答情况 2.依据课时任务表完成情况	30%
技能	1.依据课内项目完成情况 2.依据课外项目完成情况	50%
态度(规范、仔细、对质量的追求、创造性等)	1.迟到早退1次各扣5分,旷课1次扣10分,累计3次及以上(包括迟到早退累计3次),取消该门课程的成绩 2.将手机、无关书籍、零食带进实训室1次扣5分 3.做和上课无关的事情各扣5分(聊天、睡觉、追逐打闹、不服从管理等) 4.迟交作业或不按项目要求完成作业1次扣5分	20%

模块六　车床的润滑和维护保养

一、模块描述

车床的保养是车工操作完毕后必须进行的工序。本模块是学生通过观察老师对车床的润滑操作和观看PPT,经过老师的指导和自己的反复练习,能够按考核表(表1-11)所列要求独立完成车床的各项保养内容。

表1-11　车床保养任务考核表

班级		小组		姓名		日期	
序号	考核内容		要求			分值	得分
1	润滑方式		1.能正确分辨润滑方式 2.能说出各种润滑方式应用位置			20	
2	车床润滑系统		1.认识车床润滑系统示图 2.能对照车床指出图示各位置			20	
3	车床润滑保养操作		1.进行一次日常保养操作 2.进行一次周保养操作			40	
4	文明安全操作		1.安全着装 2.认真操作 3.文明有序实训 4.正确摆放工具			20	
合计							

二、教学目标

(1)了解车床维护保养的目的和意义。

(2)能对车床进行正确保养和维护。

三、教学资源

(1)理实一体化教室。

(2)PPT多媒体教学课件(动画演示车床的润滑操作)。

(3)5~10台机床和油壶(注满油)。

(4)每人一张任务考核表。

四、教学组织

(1)实操前指导分组,每组4人,由组长、安全员和质检员组成;上岗实操,4人一台车床,1人操作,另选择1人监督,并填写任务表和安全文明操作部分内容;完成后,轮换岗位。

(2)通过PPT多媒体教学课件,演示润滑操作过程,展现课程任务,演示操作过程,使学生产生感性认识。

五、教学过程

1.任务呈现

引入课程,使学生了解车床润滑的目的和润滑的方式。

2.任务分析

分析润滑的部位及相应的润滑方式。

3.教师演示操作

分析确定润滑部分,实施润滑操作。

4.学生独立操作

根据任务完成润滑,教师巡视指导。

5.评价展示

对润滑情况进行检测评价。

六、相关工艺知识

(一)车床的润滑保养

为了保持车床正常运转和延长其使用寿命,应注意日常的维护保养。车床的所有摩擦部位都必须进行润滑。

1.车床润滑的几种方式

(1)浇油润滑。通常用于外露的滑动表面,如床身导轨面和滑板导轨面等。

(2)溅油润滑。通常用于密封的箱体中,如车床的主轴箱,它利用齿轮转动把润滑油溅到油槽中,然后输送到各处进行润滑。

(3)油绳导油润滑。通常用于车床进给箱的溜板箱的油池中,它利用毛线吸油和渗油的能力,把机油慢慢地引到所需的润滑处[图1-13(a)]。

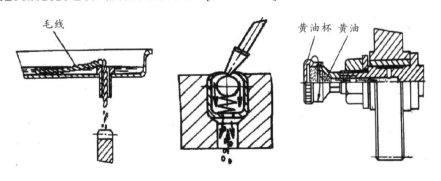

(a)油绳导油润滑　　(b)弹子油杯润滑　　(c)黄油(油脂)杯润滑

图 1-13　润滑方式

（4）弹子油杯注油润滑。通常用于尾座和滑板摇手柄转动的轴承处。注油时，以油嘴把弹子按下，滴入润滑油[图1-13（b）]。使用弹子油杯的目的，是为了防尘防屑。

（5）黄油（油脂）杯润滑。通常用于车床挂轮架的中间轴。使用时，先在黄油杯中装满工业油脂，当拧进油杯盖时，油脂就挤进轴承套内，比加机油方便。使用油脂润滑的另一特点是：存油期长，不需要每天加油[图1-13（c）]。

（6）油泵输油润滑。通常用于转速高，润滑油需要量大的机构中，如车床的主轴箱一般都采用油泵输油润滑（图1-14）。

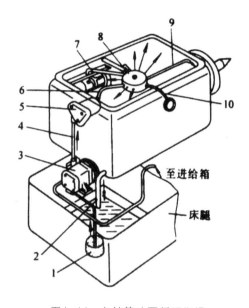

图1-14　主轴箱油泵循环润滑

1—网式滤油器　2—回油管 3—油泵　4、6、7、9、10—油管　5—过滤器　8—分油器

2.车床的润滑系统

为了说明车床的正确润滑，现以黄山机床厂生产的C6140型车床为例来说明润滑的部位及要求。C6140型车床的润滑系统如图1-15所示。

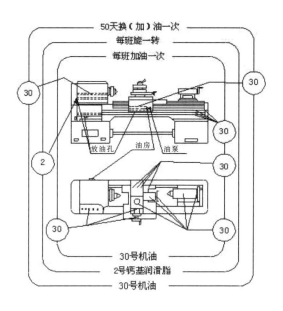

图1-15 C6140型车床的润滑系统

（1）床头箱润滑。利用油泵供给箱内的润滑油。润滑油油泵提升后,经滤油器过滤,分别导入油盘和油池,对齿轮、轴、轴承等各润滑点进行箱内循环润滑(图1-16),油泵工作情况可由箱体前面油窗进行监视。

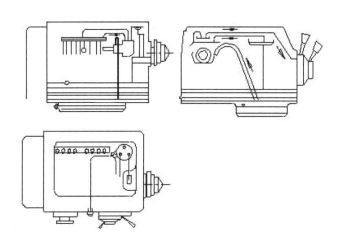

图 1-16 床头箱润滑图

（2）进给箱润滑。利用箱体上油池储油,经导油毛线进行滴油润滑(图1-17),经过一段时期后,按油窗指示放出废油。

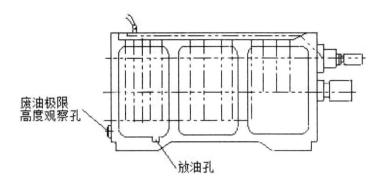

图 1-17　进给箱润滑图

（3）溜板箱润滑。利用箱体内部油池储油,在快速移动时用搅油片使润滑油飞溅,对箱体内部传动件进行润滑,或搅片飞溅的润滑油导入箱体上部储油槽中,由导油毛线进行滴油润滑(图1-18)。润滑油面高度通过箱体前面油标观察,油面不低于油标中心。

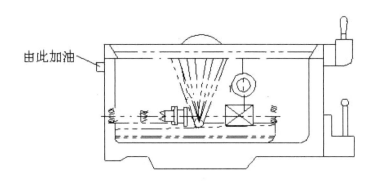

图1-18　溜板箱润滑图

（4）导轨润滑。床鞍上部导轨、横向丝杠、上刀架丝杠、刀座以及尾座套筒和丝杠,均利用油枪加油润滑。

（5）其他部位润滑。丝杠、光杠、开关杠轴颈,有后托架的油池储油,经导油毛线进行滴油润滑。挂轮架惰轮轴与轴套,利用轴头螺塞,压入2号钙基润滑油脂进行润滑。

(二)车床的清洁维护保养

(1)每班工作后应擦净车床导轨面(包括中滑板和小滑板),要求无油污、无铁屑,并浇油润滑,使车床外表清洁和场地整齐。

(2)每周要求车床三个导轨面及转动部位清洁、润滑,油眼畅通,油标油窗清晰,清洗护床油毛毡,并保持车床外表清洁和场地整齐等。

七、评价方案

车床保养任务评价见表1-11。

表1-11　车床保养任务评价表

评价内容	评价依据	权重
知识	1.依据课堂提问回答情况 2.依据课时任务表完成情况	30%
技能	1.依据课内项目完成情况 2.依据课外项目完成情况	50%
态度（规范、仔细、对质量的追求、创造性等）	1.迟到早退 1 次各扣 5 分，旷课 1 次扣 10 分，累计 3 次及以上（包括迟到早退累计 3 次），取消该门课程的成绩 2.将手机、无关书籍、零食带进实训室 1 次扣 5 分 3.做和上课无关的事情各扣 5 分（聊天、睡觉、追逐打闹、不服从管理等） 4.迟交作业或不按项目要求完成作业 1 次扣 5 分	20%

项目二

轴类零件的加工

项目描述

本项目内容是车床加工中的基础入门级内容。外圆和端面构成了零件的基本外形,台阶和中心孔是零件上常见的结构,通过本项目的学习与实践,学会正确选用切削用量来车削外圆、端面、台阶和钻中心孔,并能达到质量要求。

模块一 手动进给车削外圆和端面

一、模块描述

本模块是学生通过观察老师在车床上的加工过程的操作和观看PPT,然后在老师的指导下,经过反复练习,能够按考核表(表2-1)所列要求独立完成图2-1所示工件的车削。

表2-1 外圆端面车削任务考核表

班级		小组		姓名		日期	
序号	考核内容		要求			分值	得分
1	长度		（97±0.10）mm （50±0.10）mm			30	
2	直径		ϕ（47±0.06）mm ϕ（38±0.04）mm			40	
3	倒角		C1 两处			10	
4	文明安全操作		1.安全着装 2.正确开启、使用车床 3.文明有序实训 4.正确摆放工量刃具			20	
合计							

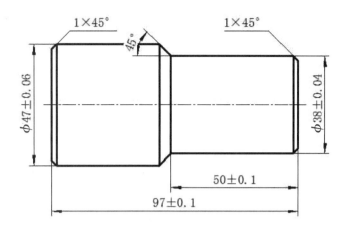

图2-1　手动进给车外圆和端面工件实习图

二、教学目标

(1)用手动进给均匀的移动床鞍(大滑板)、中滑板和小滑板,按图样要求车削工件。

(2)用游标卡尺测量工件的外圆,用钢直尺测量长度并检查平面凹凸。

(3)掌握试切削、试测量的方法车削外圆。

(4)遵守操作规程,养成文明生产、安全生产的良好习惯。

三、教学资源

(1)理实一体化教室。

(2)PPT多媒体教学课件(动画演示车床操作)。

(3)5~10台车床、ϕ50mm×100mm圆钢若干,外圆和端面车刀各10把、钢直尺10把、150mm游标卡尺10把、铜皮若干。

(4)每人一张任务考核表。

四、教学组织

(1)实操前指导分组,每组4人,由组长、安全员和质检员组成;上岗实操,4人一台车床,1人操作,另选择1人监督,并填写任务表和安全文明操作部分内容;完成后,轮换岗位。

(2)通过PPT多媒体教学课件,演示车床加工操作过程,展现课程任务,使学生感性认识车削过程。

五、教学过程

1.任务呈现

引入课程,使学生了解车削外圆和端面的操作。

2.任务分析

分析车削过程,确定车削工艺。

3.教师演示操作

分析确定车削用量,实施车削任务。

4.学生独立操作

根据任务完成车削,教师巡视指导。

5.评价展示

对工件进行检测评价。

六、相关工艺知识

(一)车端面外圆

1.45°和90°外圆车刀的安装和使用

(1)45°外圆车刀的使用。45°车刀有两个刀尖,前端一个刀尖通常用于车削工件的外圆。左侧另一个刀尖通常用来车削平面。主、副切削刃,在需要的时候可用来左右倒角(图2-2)。

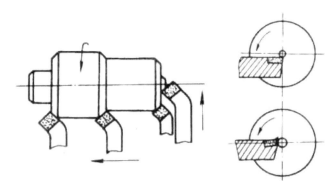

图2-2　45°车刀车削示意图

车刀安装时,左侧的刀尖必须严格对准工件的旋转中心,否则在车削平面至中心时会留有凸头或造成车刀刀尖碎裂。刀头伸出的长度约为刀杆厚度的1~1.5倍;伸出过长,刚性变差,车削时容易引起振动。

(2)90°车刀又称偏刀,按进给方向分右偏刀和左偏刀,下面主要介绍常用的右偏刀。右偏刀一般用来车削工件的外圆、端面和右向台阶,因为它的主偏角较大,车外圆时,用于工件的半径方向上的径向切削力较小,不易将工件顶弯。

车刀安装时,应使刀尖对准工件中心,主切削刃与工件中心线垂直。如果主切削刃与工件中心线不垂直,将会导致车刀的工作角度发生变化,主要影响车刀主偏角和副偏角。

右偏刀也可以用来车削平面,但因车削使用副切削刃切削,如果由工件外缘向工件中心进给。当切削深度较大时,切削力会使车刀扎入工件,而形成凹面,为了防止产生凹面,可改由中心向外进给,用主切削刃切削,但切削深度较小。

2.铸件毛坯的装夹和找正

工件的装夹要选择铸件毛坯平直的表面进行装夹,以确保装夹牢靠。找正外圆时一般要求不高,只要保证能车至图样尺寸,以及未加工表面余量均匀即可。如果发现工件截面呈扁形,应以直径小的相对两点为基准进行找正。

3.粗车、精车的概念

车削工件,一般分为粗车和精车。

(1)粗车。在车床动力条件允许的情况下,通常采用进刀深、进给量大、低转速的做法,以合理的时间尽快的把工件的余量去掉,因为粗车对切削表面没有严格的要求,只需留出一定的精车余量即可。由于粗车切削力较大,工件必须装夹牢靠。粗车可以及时地发现毛坯材料内部的缺陷,如夹渣、砂眼、裂纹等;也能消除毛坯工件内部残存的应力和防止热变形。

(2)精车。精车是车削的末道工序。为了使工件获得准确的尺寸和规定的表面粗糙度,操作者在精车时,通常把车刀修磨的锋利些,车床的转速高一些,进给量选的小一些。

4.用手动进给车削外圆、平面和倒角

(1)车平面的方法。开动车床使工件旋转,移动小滑板或床鞍控制进刀深度,然后锁紧床鞍,摇动中滑板丝杠进给、由工件外向中心或由工件中心向外进给车削(图2-3)。

(2)车外圆的方法。

①移动床鞍至工件的右端、用中滑板控制进刀深度、摇动小滑板丝杠或床鞍纵向移动车削外圆,一次进给完毕,横向退刀,再纵向移动刀架或床鞍至工件右端,进行第二、第三次进给车削,直至符合图样要求为止。

②在车削外圆时,通常要进行试切削和试测量。其具体方法是:根据工件直径余量的二分之一作横向进刀,当车刀在纵向外圆上进给2mm左右时,纵向快速退刀,然后停车测量(注

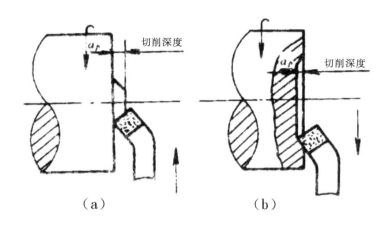

图2-3 45°车刀车端面

意横向不要退刀)。如果已经符合尺寸要求,就可以直接纵向进给进行车削,否则可按上述方法继续进行试切削和试测量,直至达到要求为止。

③为了确保外圆的车削长度,通常先采用刻线痕法,后采用测量法进行,即在车削前根据需要的长度,用钢直尺、样板或卡尺及车刀刀尖在工件的表面刻一条线痕,然后根据线痕进行车削。当车削完毕,再用钢直尺或其他工具复测。

(3)倒角。当平面、外圆车削完毕,然后移动刀架、使车刀的切削刃与工件的外圆成45°夹角,移动床鞍至工件的外圆和平面的相交处进行倒角,所谓1×45°是指倒角在外圆上的轴向距离为1mm。

5.刻度盘的计算和应用

在车削工件时,为了正确和迅速的掌握进刀深度,通常利用中滑板或小滑板上刻度盘进行操作。

中滑板的刻度盘装在横向进给的丝杠上,当摇动横向进给丝杠转一圈时,刻度盘也转了一周,这时固定在中滑板上的螺母就带动中滑板车刀移动一个导程。如果横向进给丝杠导程为5mm,刻度盘分100格,当摇动进给丝杠转动一周时,中滑板就移动5mm,当刻度盘转过一格时,中滑板移动量为5÷100=0.05mm。使用刻度盘时,由于螺杆和螺母之间配合往往存在间隙,因此会产生空行程(即刻度盘转动而滑板未移动)。所以使用刻度盘进给过深时,必须向相反方向退回全部空行程,然后再转到需要的格数,而不能直接退回到需要的格数(图2-4)。但必须注意,中滑板刻度的进刀量应是工件余量的1/2。

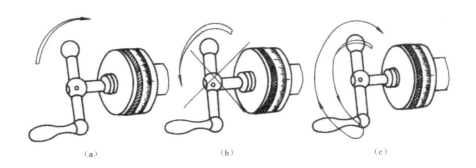

（a）　　　　　　　　　　（b）　　　　　　　　　　（c）

图2-4　刻度盘的应用

（二）看生产实习图（图2-1），确定练习件的加工步骤。

（1）用卡盘夹住工件外圆长20mm左右，找正夹紧。

（2）粗车平面及外圆ϕ47mm、长60mm（留精车余量）。

（3）精车平面及外圆ϕ（47±0.06）mm、长60mm，倒角1×45°。

（4）调头夹住外圆ϕ47mm一端，长20mm左右，找正夹紧。

（5）粗车平面及外圆ϕ38mm，留精车余量。

（6）精车平面及外圆ϕ（38±0.04）mm长50mm，倒角1×45°。

（7）检查并卸下工件。

（三）容易产生的问题和注意事项

（1）工件平面中心留有凸头，原因是刀尖没有对准工件中心，偏高或偏低。

（2）平面不平有凹凸，产生原因是进刀量过深、车刀磨损，滑板移动、刀架和车刀紧固力不足，产生扎刀或让刀。

（3）车外圆产生锥度的原因有以下几种。

①用小滑板手动进给车外圆时，小滑板导轨与主轴轴线不平行。

②车速过高，在切削过程中车刀磨损。

③摇动中滑板进给时，没有消除空行程。

④车削表面痕迹粗细不一，主要是手动进给不均匀。

⑤变换转速时应先停车，否则容易打坏主轴箱内的齿轮。

⑥切削时应先开车，后进刀。切削完毕时先退刀后停车，否则车刀容易损坏。

⑦车削铸铁毛坯时，由于氧化皮较硬，要求尽可能一刀车掉，否则车刀容易磨损。

⑧用手动进给车削时，应把有关进给手柄放在空档位置。

⑨掉头装夹工件时，最好垫铜皮，以防夹坏工件。

⑩车削前应检查滑板位置是否正确,工件装夹是否牢靠,卡盘扳手是否取下。

七、评价方案

手动进给车外圆和端面任务评价见表2-2。

表2-2　手动进给车外圆和端面任务评价表

评价内容	评价依据	权重
知识	1. 依据课堂提问回答情况 2. 依据课时任务表完成情况	30%
技能	1. 依据课内项目完成情况 2. 依据课外项目完成情况	50%
态度（规范、仔细、对质量的追求、创造性等）	1. 迟到早退1次各扣5分，旷课1次扣10分，累计3次及以上（包括迟到早退累计3次），取消该门课程的成绩 2. 将手机、无关书籍、零食带进实训室1次扣5分 3. 做和上课无关的事情各扣5分（聊天、睡觉、追逐打闹、不服从管理等） 4. 迟交作业或不按项目要求完成作业1次扣5分	20%

模块二　机动进给车削外圆和端面

一、模块描述

本模块是学生通过观察老师在车床上的加工过程的操作和观看PPT，然后在老师的实地演示和指导下，经过反复训练，能够按考核表（表2-3）所列要求独立完成图2-5所示工件的加工任务。

表2-3　外圆端面车削任务考核表

班级		小组		姓名		日期	
序号	考核内容		要求			分值	得分
1	直径		$\phi(40 \pm 0.15)$ mm			15	
2	直线度		0.05mm			15	
3	粗糙度		端面 $Ra3.2$ 外圆 $Ra1.6$			20	
4	长度		(150 ± 0.10) mm			15	
5	倒角		C1 两处			15	
6	文明安全操作		1.安全着装 2.正确开启、使用车床 3.文明有序实训 4.正确摆放工量刃具			20	
合计							

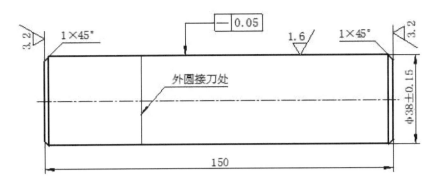

图2-5　机动进给车削外圆和端面实习图

二、教学目标

(1)掌握划线盘找正工件的方法。

(2)熟练掌握调整切削用量的方法。

(3)掌握接刀车削外圆和控制两端平行度的方法。

三、教学资源

(1)理实一体化教室。

(2)PPT多媒体教学课件(动画演示车床操作)。

(3)5台车床,ϕ40mm×152mm圆钢若干,外圆和端面车刀若干,钢直尺10把,150mm游标卡尺10把,铜皮若干,划线盘5个等。

(4)每人一张任务考核表。

四、教学组织

(1)实操前指导分组,每组4人,由组长、安全员和质检员组成;上岗实操,4人一台车床,1人操作,另选择1人监督,并填写任务表和安全文明操作部分内容;完成后,轮换岗位。

(2)通过PPT多媒体教学课件,演示车床加工过程,展现课程任务,使学生感性认识车削过程。

五、教学过程

1.任务呈现

引入课程,使学生了解车削外圆和端面的操作。

2.任务分析

分析车削过程,确定车削工艺。

3.教师演示操作

分析确定车削用量,实施车削任务。

4.学生独立操作

根据任务完成车削,教师巡视指导。

5.评价展示

对工件进行检测评价。

六、相关工艺知识

(一)机动进给车外圆

机动进给比手动进给有很多的优点,如操作省力,进给均匀,加工后工件表面粗糙度小等。但机动进给是机械传动,操作者对车床手柄位置必须相当熟悉,否则在紧急情况下容易损坏工件或机床,使用机动进给的过程如下。

纵向车外圆过程如下:

启动机床工件旋转 → 试切削 → 机动进给 → 纵向车外圆 → 车至接近需要长度时停止进给 → 改用手动进给 → 车至长度尺寸 → 退刀 → 停车

横向车平面过程如下:

启动机床工件旋转 → 试切削 → 机动进给 → 横向车平面 → 车至工件中心时停止进给 → 改用手动进给 → 车至工件中心 → 退刀 → 停车

工件材料长度余量较少或一次装夹不能完成切削的光轴,通常采用掉头装夹,再用接刀法车削。掉头接刀车削的工件,一般表面有接刀痕迹,有损表面质量和美观。但由于找正工件是车工的基本功,因此必须认真学习。

1.接刀工件的装夹找正和车削方法

装夹接刀工件时,找正必须从严要求,否则会造成表面接刀偏差,直接影响工件质量,为保证接刀质量,通常要求车削工件的第一头时,车的长一些,掉头装夹时,两点间的找正距离应大些。工件的第一头精车至最后一刀时,车刀不能直接碰到台阶,应稍离台阶处停刀,以防车刀碰到台阶后突然增加切削量,产生扎刀现象。掉头精车时,车刀要锋利,最后一刀精车余量要小,否则工件上容易产生凹痕。

2.控制两端平行度的方法

以工件先车削的一端外圆和台阶平面为基准,用划线盘找正。找正的正确与否,可在车削过程中用外径千分尺检查。如发现偏差,应从工件最薄处敲击,逐次找正。

(二)看生产实习图(图2-5)和确定加工步骤

(1)毛坯下料ϕ40mm×152mm。

(2)三爪自定心卡盘夹工件伸长120mm,找正、夹紧。

(3)车端面,车平即可。

(4)粗车外圆至尺寸ϕ39mm。

(5)精车外圆至尺寸要求。

(6)倒角C1。

(三)容易产生的问题和注意事项

(1)初学者使用机动进给注意力要集中,以防滑板等与卡盘碰撞。

(2)粗车切削力较大,工件易发生移位,在精车接刀前应进行一次复查。

(3)车削较大直径的工件时,平面易产生凹凸,应随时用钢直尺检验。

(4)为了保证工件质量,掉头装夹时要垫铜皮。

七、评价方案

机动进给车削外圆和端面任务评价见表2-4。

表2-4　机动进给车削外圆和端面任务评价表

评价内容	评价依据	权重
知识	1.依据课堂提问回答情况 2.依据课时任务表完成情况	30%
技能	1.依据课内项目完成情况 2.依据课外项目完成情况	50%
态度(规范、仔细、对质量的追求、创造性等)	1.迟到早退1次各扣5分,旷课1次扣10分,累计3次及以上(包括迟到早退累计3次),取消该门课程的成绩 2.将手机、无关书籍、零食带进实训室1次扣5分 3.做和上课无关的事情各扣5分(聊天、睡觉、追逐打闹、不服从管理等) 4.迟交作业或不按项目要求完成作业1次扣5分	20%

模块三　车削台阶工件

一、模块描述

本模块是学生通过观察老师在车床上的加工过程的操作和观看PPT,经过老师的指导和自己的练习,能够按考核表(表2–5)所列要求独立完成图2–6中台阶工件的车削加工任务。

表2–5　台阶工件加工任务考核表

班级		小组		姓名		日期	
序号	考核内容		要求			分值	得分
1	直径		$\phi(58\pm0.06)$mm $\phi(56\pm0.05)$mm $\phi(53\pm0.04)$mm $\phi(50\pm0.03)$mm $\phi(46\pm0.03)$mm			30	
2	长度		110mm $10^{0}_{-0.1}$mm(左) $20^{0}_{-0.2}$mm $30^{0}_{-0.2}$mm $10^{0}_{-0.1}$mm(右)			30	
3	粗糙度		Ra3.2 以下			10	
4	倒角		锐边倒钝			10	
5	文明安全操作		1.安全着装 2.正确开启、使用车床 3.文明有序实训 4.正确摆放工量刃具			20	
合计							

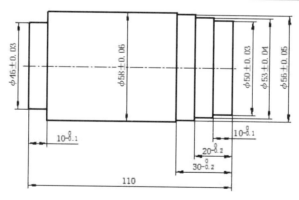

图2–6　车前台阶工件

二、教学目标

(1)掌握车削台阶工件的方法。

(2)巩固用划线盘找正工件外圆和端面的方法。

三、教学资源

(1)理实一体化教室。

（2）PPT多媒体教学课件（动画演示车床操作过程）。

（3）5台车床，90°外圆车刀每组3把，ϕ60mm×112mm圆钢若干，钢直尺5把，划线盘5个，150mm游标卡尺5把，150mm游标深度尺5把，25~50mm、50~75mm千分尺各5把。

（4）每人一张任务考核表。

四、教学组织

（1）实操前指导分组，每组4人，由组长、安全员和质检员组成；上岗实操，4人一台车床，1人操作，另选择1人监督，并填写任务表和安全文明操作部分内容；完成后，轮换岗位。

（2）通过PPT多媒体教学课件，演示车床加工过程，展现课程任务，使学生感性认识车削过程。

五、教学过程

1.任务呈现

引入课程，使学生了解台阶轴的用途及加工方法。

2.任务分析

分析车削过程，确定车削工艺。

3.教师演示操作

分析确定车削用量，实施车削任务。

4.学生独立操作

根据任务完车削，教师巡视指导。

5.评价展示

对工件进行检测评价。

六、相关工艺知识

（一）台阶工件

在同一工件上有几个直径大小不同的圆柱体连接在一起象台阶一样，就称它为台阶工件，俗称台阶为"肩胛"。台阶工件的车削，实际上就是外圆和平面车削的组合。因此，在车削时必须注意兼顾外圆的尺寸精度和台阶长度的要求。

1.台阶工件的技术要求

台阶工件通常和其他零件结合使用，因此它的技术要求一般有以下几点。

（1）各档外圆之间的同轴度。

（2）外圆和台阶平面的垂直度。

（3）台阶平面的平面度。

（4）外圆和台阶平面相交处的清角。

2.车刀的选择和装夹

车削台阶工件,通常使用90°外圆车刀。

车刀的装夹应根据粗、精车和余量的多少来区别,如粗车时余量多,为了增加切削深度,减少刀尖压力,车刀装夹可取主偏角小于90°为宜。精车时为了保证台阶平面和轴心线的垂直,应取主偏角大于90°。

3.车削台阶工件的方法

车削台阶工件时,一般分粗、精车进行,粗车时的台阶长度除第一档台阶长度略短些外（留精车余量）其余各档可车至长度,精车台阶工件时,通常在机动进给精车至近台阶处时,以手动进给代替机动进给。当车至平面时,然后变纵向进给为横向进给,移动中滑板由里向外慢慢精车台阶平面,以确保台阶平面和轴心线的垂直。

4.台阶长度的测量和控制方法

普通机床车台阶时,不仅要车削外圆,还要车削环形端面。因此,车削时既要保证外圆及台阶面长度尺寸,又要保证台阶平面与工件轴线的垂直度要求。

车台阶时,通常选用90°车刀（偏刀）。车刀的安装应根据粗、精车和余量的多少来调整,粗车时为了增加背吃刀量, 减小 刀尖的压力, 车刀安装时主偏角可小于90°（一般为85°~90°）。精车时为了保证台阶端面和轴线垂直度,应取主偏角大于90°（一般为 93°左右）。车削台阶工件,一般分为粗、精车。粗车时的台阶长度除第一档（即端头的）台阶长度略短外（留精车余量）,其余各档车至长度。

精车时,通常在机动进给精车外圆至近台阶处时,以手动进给代替机动进给,当车到台阶面时,应变纵向进给为横向进给 ,动中溜板由里向外慢慢精车,以确保台阶端面对轴线的垂直度。

车削台阶时,准确掌握台阶长度的关键是按选择正确的测量基准。若基准选择不当,将造成积累误差（尤其是多台阶的工件）而产生废品。

通常控制台阶长度尺寸有以下两种方法。

（1）刻线法。先用钢直尺量出台阶的长度尺寸,用车刀刀尖在台阶的所在位置处车出细线,然后再车削[图2-7（a）]。

（2）用挡铁控制台阶长度。在成批生产台阶轴时,为了准确迅速地掌握台阶长度,可用挡铁定位[图2-7（b）]。

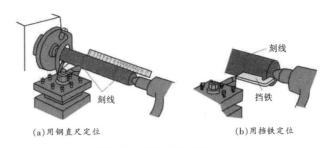

(a)用钢直尺定位　　　　　　　　(b)用挡铁定位

图2-7　控制台阶长度

5.工件的调头找正和车削

根据习惯的找正方法,应先找正近卡爪处工件外圆,后找正台阶处端平面,这样反复多次找正才能进行切削。当粗车完毕时,宜在进行一次复查,以防粗车时发生移位。

6.游标卡尺的使用

用软片将量爪擦干净,使其并拢,查看游标和主尺身的零刻度线是否对齐。如果对齐就可以进行测量!如没有对齐则要记取零误差。游标的零刻度在尺身零刻度线右侧的叫正零误差,在尺身零刻度左侧的叫负零误差(这件规定方法与数轴的规定一致,原点以右为正,原点以左为负)。

测量时,右手拿住尺身,大拇指移动游标,左手拿待测外径(或内径)的物体,使待测物位于外测量爪之间,当与量爪紧紧相贴时,即可读数,当测量零件的外尺寸时:卡尺两侧量面的联线应垂直于被测量表面,不能歪斜。测量时,可以轻轻摇动卡尺,放正垂直位置。否则,量爪若在错误位置上,将使测量结果a比实际尺寸b要大,先把卡尺的活动量爪张开,使量爪能自由地卡进工件,把零件贴靠在固定量爪上,然后移动尺框,用轻微的压力使活动量爪接触零件。如卡尺带有微动装置,此时可拧紧微动装置上的固定螺钉,再转动调节螺母,使量爪接触零件并读取尺寸。决不可把卡尺的两个量爪调节到接近甚至小于所测尺寸,把卡尺强制的卡到零件上去。这样做会使量爪变形,或使测量面过早磨损,使卡尺失去应有的精度。

(二)分析工件并制定加工步骤

1.根据图样(图2-6)进行分析

(1)零件图所示的阶梯轴由三个外圆直径相差不大的台阶和一个外圆直径相差较大的台阶组成。

(2)外圆直径与台阶长度都有公差要求,注意分粗车与精车。

(3)阶梯轴总长为110mm。由于该工件同轴度的要求不高,因此拟采用三爪自定心卡盘装夹工件,暂不采用一夹一顶和两顶尖装夹工件。

2.加工步骤

(1)装夹毛坯,露出卡盘80mm,找正夹紧。

（2）粗、精车ϕ58mm外圆，长80mm。

（3）粗、精车ϕ56mm外圆，长30mm。

（4）粗、精车ϕ53mm外圆，长20mm。

（5）粗、精车ϕ50mm外圆，长10mm。

（6）调头，垫铜皮装夹50mm外圆露出卡盘35mm，找正夹紧。

（7）车端面。

（8）粗、精车外圆ϕ46mm，长10mm。

（9）检查，卸料。

（三）容易产生的问题和注意事项

（1）台阶平面和外圆相交处要清角，防止产生凹坑和出现小台阶。

（2）台阶平面出现凹凸，其原因可能时车刀没有从里到外横向进给或车刀装夹主偏角小于90°，其次与刀架、车刀、滑板等发生位移有关。

（3）多台阶工件长度的测量，应从一个基面测量，以防积累误差。

（4）平面与外圆相交处出现较大的圆弧，原因是刀尖圆弧较大或刀尖磨损。

（5）使用游标卡尺测量时，卡脚应和测量面贴平，以防卡脚歪斜，产生测量误差。

（6）使用游标卡尺测量工件时，松紧程度要合适，特别是用微调螺钉时，尤其注意卡得不要太紧。

（7）车未停稳，不能使用游标卡尺测量工件。

（8）从工件上取下游标卡尺读数时，应把紧固螺钉拧紧，以防副尺移动，影响读数。

七、评价方案

车削台阶工件任务评价表见表2-6。

表2-6　车削台阶工件任务评价表

评价内容	评价依据	权重
知识	1.依据课堂提问回答情况 2.依据课时任务表完成情况	30%
技能	1.依据课内项目完成情况 2.依据课外项目完成情况	50%
态度（规范、仔细、对质量的追求、创造性等）	1.迟到早退1次各扣5分，旷课1次扣10分，累计3次及以上（包括迟到早退累计3次），取消该门课程的成绩 2.将手机、无关书籍、零食带进实训室1次扣5分 3.做和上课无关的事情各扣5分（聊天、睡觉、追逐打闹、不服从管理等） 4.迟交作业或不按项目要求完成作业1次扣5分	20%

项目三

车沟槽和切断

项目描述

车沟槽和切断是车床加工中的一项重要工作内容。沟槽是零件上常见的结构,沟槽质量会影响后续的加工过程甚至影响零件的使用功能。该项目包含切刀的刃磨、切断和车矩形槽三个任务模块。通过本项目的学习与实践,学会正确刃磨切刀、熟练切断工件和车矩形槽等操作。

模块一　切断刀和切槽刀的刃磨

一、模块描述

本模块是学生通过观察老师在车床上的加工过程的操作和观看PPT,经过老师的指导和反复练习,能够按考核表(表3-1)所列要求独立完成切断刀和切槽刀的刃磨。

表3-1　切刀刃磨任务考核表

班级		小组		姓名		日期	
序号	考核内容		要求			分值	得分
1	前角		切断中碳钢　$\gamma_0=20°\sim30°$　　　切断铸铁 $\gamma_0=0\sim10°$			20	
2	主后角		$\alpha_0=6°\sim8°$			10	
3	主偏角		$k=90°$			10	
4	副偏角		$k'=1°\sim1.3°$			10	
5	副后角		$\alpha_0'=1°\sim3°$			10	
6	刀头宽度(mm)		$a=(0.5\sim0.6)\sqrt{D}$			10	
7	刀头长度(mm)		$L=H+(2+3)$			10	
8	文明安全操作		1.安全着装 2.正确开启、使用砂轮机 3.正确刃磨车刀 4.正确摆放刀具			20	
			合计				

二、教学目标

(1)了解切断刀和切槽刀的组成部分及其作用。

(2)掌握切断刀和切槽刀的刃磨方法。

三、教学资源

(1)理实一体化教室。

(2)PPT多媒体教学课件(动画演示切断刀和切槽刀的加工操作及其刃磨操作)。

(3)5台砂轮机、切断刀和切槽刀各20把、150mm游标卡尺10把。

(4)每人一张任务考核表。

四、教学组织

(1)实操前指导分组,每组4人,由组长、安全员和质检员组成;上岗实操,4~5人一台砂轮机,1人操作,另选择1人监督,并填写任务表和安全文明操作部分内容;完成后,轮换岗位。

(2)通过PPT多媒体教学课件,演示车刀加工过程和刀具刃磨操作过程,展现课程任务,使学生感性认识车削和刀具磨削过程。

五、教学过程

1.任务呈现

引入课程,使学生了解切断刀和切槽刀的特点及其用途。

2.任务分析

实物分析车刀组成,确定磨削部分。

3.教师演示操作

分析确定车刀刃磨的部分,实施刃磨任务。

4.学生独立操作

根据任务完成刀具刃磨,教师巡视指导。

5.评价展示

对刃磨的车刀进行检测评价。

六、相关工艺知识

矩形切槽刀和切断刀的几何形状基本相似,刃磨方法也基本相同,只是刀头部分的宽度和长度有所区别,有时也通用,故合并讲解。

（一）切刀

1.切断刀的种类（图3-1）

按刀具材料可分为：硬质合金切断刀、高速钢切断刀。

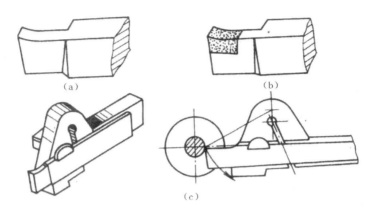

图3-1 切断刀的类型

2.切断刀和切槽刀的几何角度（图3-2）

（1）前角：切断中碳钢，γ_0=20°~30°；切断铸铁γ_0=0~10°。

主后角：α_0=6°~8°。

主偏角：切断刀以横向进给为主k=90°。

副偏角：k'=1°~1.3°。

副后角：α'_0=1°~3°。

（2）刀头宽度：刀头不能磨得太宽，不但浪费工件材料而且会使刀具强度降低。刀头宽度与工件直径有关，一般按经验公式计算。

$$\alpha=(0.5\text{~}0.6)\sqrt{D}$$

式中：α为刀头宽度，mm；

D为工件直径，mm。

刀头长度L不宜过长，否则易引振动和刀头折断，刀头长度L可按下式计算。

$$L=H+(2+3)$$

式中：L刀头长度，mm；

H切入深度，mm。切断实心工件时，切入深度等于工件的半径；切断空心工件时，切入深度等于工件的壁厚。

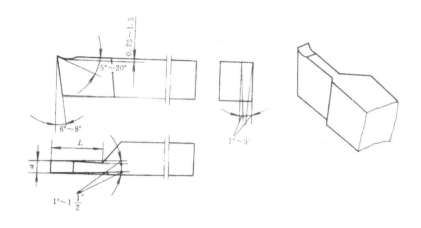

图3-2 切断刀和切槽刀的几何角度

(二)刃磨方法和步骤

1.选择砂轮和冷却液

2.粗磨成形

两手握刀,前刀面向上。按$L \times a$首先刃磨右侧副后面使刀头靠左,成长方形。粗磨左右副偏角和副后角,粗磨主后角。

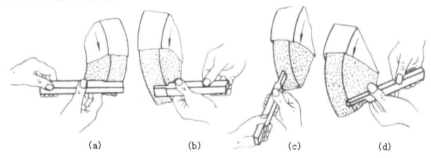

图3-3 切断刀、切槽刀的刃磨

3.精磨

(1)首先精磨左副后刀面,连接刀尖与圆弧相切,刀体顺时针旋转1°~2°,刀体水平旋转1°~3°,刀尖微翘3°左右,同时磨出副后角和副偏角。刀侧与砂轮的接触点应放在砂轮的边缘处。

(2)精磨右侧副后角和副偏角。

(3)修磨主后刀面和后角6°~8°。

(4)修磨前刀面和前角5°~20°。

(5)修磨刀尖圆弧。

（三）生产实习图（图3-4）

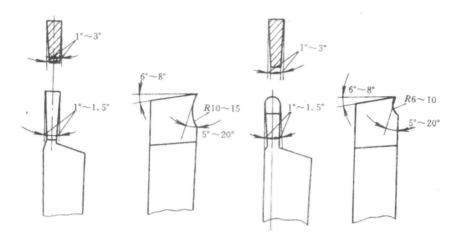

图3-4　切槽刀与切断刀的几何角度

（1）粗磨主后刀面、左、右副后刀面，使刀头基本成型。

（2）精磨主后刀面、左、右副后刀面，形成主后角和两侧副偏角。

（3）精磨前刀面及前角。

（4）修磨刀尖。

（四）注意事项

（1）卷屑槽不宜过深，一般0.75~1.5mm（图3-5）。卷屑槽太深、前角过大宜扎刀；前角过大、楔角减小，刀头散热面积减小，使刀尖强度降低，刀具寿命降低。

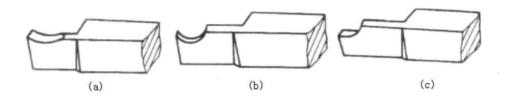

（a）　　　　　　　　　　（b）　　　　　　　　　　（c）

图3-5　切断刀、切槽刀的卷屑槽

（2）防止磨成台阶形，否则切削时切屑流出不顺利，排屑困难，切削力增加，刀具强度相对降低易折断。

（3）两侧副偏角对称相等（图3-6）。如两侧副偏角不同，一侧为负值，则会与工件已加工表面磨擦，造成两切削刃切削力不均衡，使刀头受到一个扭力而折断。

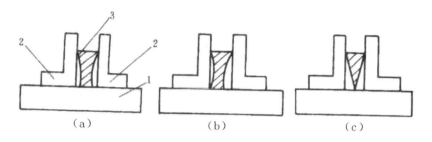

图3-6　切槽刀两侧副偏角对称

（4）两侧副偏角要对称、相等、平直，前宽后窄（图3-7）。

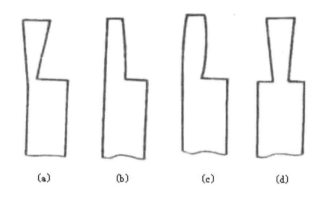

图3-7　切槽刀的两侧副偏角要对称、相等、平直

（5）高速钢车刀要随时冷却以防退火。

（6）硬质合金车刀，刃磨时不能用力过猛，以防脱焊。

（7）刃磨副刀刃时，刀侧与砂轮接触点应放在砂轮的边缘处。

七、评价方案

切断刀和切槽刀的刃磨任务考核见表3-2。

表3-2　切断刀和切槽刀的刃磨任务考核表

评价内容	评价依据	权重
知识	1.依据课堂提问回答情况 2.依据课时任务表完成情况	30%
技能	1.依据课内项目完成情况 2.依据课外项目完成情况	50%
态度（规范、仔细、对质量的追求、创造性等）	1.迟到早退1次各扣5分，旷课1次扣10分，累计3次及以上（包括迟到早退累计3次），取消该门课程的成绩 2.将手机、无关书籍、零食带进实训室1次扣5分 3.做和上课无关的事情各扣5分（聊天、睡觉、追逐打闹、不服从管理等） 4.迟交作业或不按项目要求完成作业1次扣5分	20%

模块二　切断

一、模块描述

本模块是学生通过观察老师在车床上的加工过程的操作和观看PPT,经过老师的指导和反复练习,能够按考核表(表3-3)所列要求独立完成图3-8所示工件的加工。

表3-3　切断操作任务考核表

班级		小组		姓名		日期	
序号	考核内容		要求			分值	得分
1	长　度		25mm 15mm			30	
2	直　径		$\phi 56_{-0.1}^{\ 0}$ mm $\phi 46_{-0.1}^{\ 0}$ mm			30	
3	粗糙度		$Ra6.4$			20	
4	文明安全操作		1.安全着装 2.正确开启、使用砂轮机 3.文明有序实训 4.正确摆放工量刃具			20	
合计							

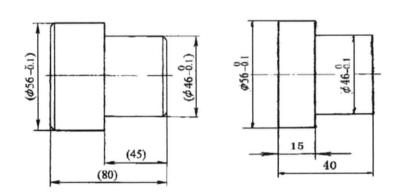

图 3-8 切断实习图

二、教学目标

(1)掌握直进法和左右借刀法切断工件。

(2)巩固切断刀的刃磨和修正方法。

(3)能正确选用车刀对不同材料的工件进行切断操作。

三、教学资源

(1)理实一体化教室。

(2)PPT多媒体教学课件(动画演示车床操作和刀具刃磨操作)。

(3)5台车床,外圆车刀若干,切断刀10把,游标卡尺10把,圆钢材料若干,铜皮等。

(4)每人一张任务考核表。

四、教学组织

(1)实操前指导分组,每组4人,由组长、安全员和质检员组成;上岗实操,4~5人一台车床,1人操作,另选择1人监督,并填写任务表和安全文明操作部分内容;完成后,轮换岗位。

(2)通过PPT多媒体教学课件,演示车床加工操作过程,展现课程任务,使学生感性认识切断过程。

五、教学过程

1.任务呈现

引入课程,使学生了解切断刀的种类、用途及操作过程。

2.任务分析

实物分析车刀结构和加工特点,确定加工工艺。

3.教师演示操作

分析确定车刀加工用量,实施切断任务。

4.学生独立操作

根据任务完成切削,教师巡视指导。

5.评价展示

对切削工件进行检测评价。

六、相关工艺知识

(一)切断

在车床上把较长的工件切断成短料或将车削完成的工件从原材料上切下,这种加工方法叫切断。

1.切断刀的种类

（1）高速钢切断刀。刀头和刀杆是同一种材料锻造而成，每到切断刀损坏以后，可以通过锻打后再使用，因此比较经济，目前应用较为广泛。

（2）硬质合金切断刀。刀头用硬质合金焊接而成，因此适宜高速切削。

（3）弹性切断刀。为节省高速钢材料，切刀作成片状，再夹在弹簧刀杆内，这种切断刀即节省刀具材料又富有弹性，当进给过快时刀头在弹性刀杆的作用下会自动产生让刀，这样就不容易产生扎刀而折断车刀。

2.切断刀的安装（图3-9）

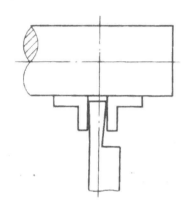

图3-9 切断刀的安装

切断刀装夹是否正确对切断工件能否顺利进行、切断的工件平面是否平直有直接的关系，所以对切断刀的安装要求非常严格。

（1）切断实心工件时，切断刀的主刀刃必须严格对准工件中心，刀头中心线与轴线垂直。

（2）为了增加切断刀的强度，刀杆不易伸出过长以防震动。

3.切断方法（图3-10）

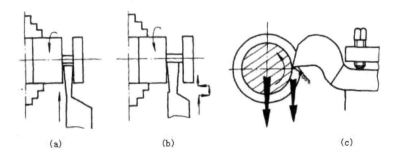

(a)　　　　　　　　　(b)　　　　　　　　　(c)

图3-10 切断方法

（1）用直进法切断工件。所谓直进法是指垂直于工件轴线方向切断。这种切断方法切断效率高，但对车床刀具刃磨、装夹有较高的要求，否则容易造成切断刀的折断。

（2）左右借刀法切断工件。在切削系统（刀具、工件、车床）刚性等不足的情况下可采用左右借刀法切断工件。这种方法是指切断刀在径向进给的同时，车刀在轴线方向反复的往返移动直至工件切断。

（3）反切法切断工件。反切法是指工件反转车刀反装。这种切断方法易用于较大直径工件。反转切断时作用在工件上的切削力与主轴重力方向一致，因此主轴不容易产生上下跳动，所以切断工件比较平稳。切屑从下面流出不会堵塞在切削槽中，因此能比较顺利的切削。但必须指出，在采用反切法时卡盘与主轴的连接部分必须有保险装置，否则卡盘会因倒车而脱离主轴产生事故。

（二）看生产实习图（图3-11），确定练习件的加工步骤

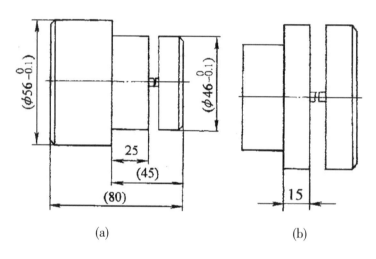

(a)   (b)

图3-11 切断操作图

1.开车前准备工作

（1）检查车床运转情况是否正常，将工具合理摆放。

（2）检查服装（佩戴）是否符合安全文明生产的要求。

（3）低速运转车床，检查备料尺寸，加油润滑车床，编排加工工艺。

2.装夹工件

夹工件的 $\phi56$mm 部分。

3.装夹切断刀

（1）切断刀装夹是否正确，对切断工件能否顺利进行，切断的工件平面是否平直有直接

的关系。

(2)切断实心工件时,切断刀的主刀刃必须严格对准工件的回转中心,主刀刃中心线与工件轴线垂直。

(3)刀杆不宜伸出过长,以增强切断刀的刚性和防止振动。

4.切断

(1)切断工件ϕ46mm部分,保证剩余长度25mm[图3-11(a)]。

注意事项:切断刀的切断部分长度大于ϕ46mm半径,故可采用直进法以提高效率。

(2)掉头,垫铜皮夹持ϕ46mm部分,切断ϕ56mm部分,保证长度15mm[图3-11(b)],得如图3-8所示工件。

注意事项:切断刀的切断部分长度小于ϕ56mm部分半径,故可采用左右借刀法。

(三)容易产生的问题和注意事项

(1)被切工件的平面产生凹凸其原因。

①切断刀两侧的刀尖刃磨或磨损不一致造成让刀,因而使工件平面产生凹凸。

②窄切断刀的主刀刃与工件轴心线有较大的夹角,左侧刀尖有磨损现象,进给时在侧向切削力的作用下刀头易产生偏斜,势必产生工件平面内凹。

③主轴轴向窜动。

④车刀安装歪斜或副刀刃没磨直。

(2)切断时产生震动。

①主轴和轴承之间间隙过大。

②切断的棒料过大,在离心力的作用下产生震动。

③切断刀远离支撑点。

④工件细长,切断刀刃口太宽。

⑤切断时转速过高进给量过小。

⑥切断刀伸出过长。

3.切断刀折断的原因(图3-12)。

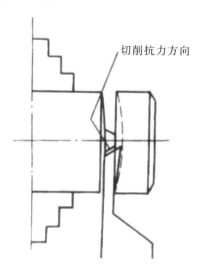

切削抗力方向

图3-12 切断刀折断的原因

①工件装夹不牢靠,切割点远离卡盘,在切削力作用下工件抬起造成刀头折断。

②切断时排屑不良,铁屑堵塞造成刀头载荷过大时刀头折断。

③切断刀的副偏角、副后角磨的太大,削弱了刀头强度使刀头折断。

④切断刀装夹跟工件轴心线不垂直,主刀刃与轴线不等高。

⑤进给量过大,切断刀前角过大。

⑥床鞍中小滑板松动,切削时产生扎刀致使切断刀折断。

(4)切割前应调整中小滑板的松紧,一般以紧为好。

(5)用高速钢刀切断工件时应浇注切削液,这样可以延长切断刀的使用寿命;用硬质合金切断工件时,中途不准停车,否则刀刃易碎裂。

(6)一夹一顶或两顶尖安装工件是不能把工件直接切断的,以防切断时工件飞出伤人。

(7)用左右借刀法切断工件时,借刀速度应均匀,借刀距离要一致。

七、评价方案

切断任务评价见表3-4。

表3-4 切断任务评价表

评价内容	评价依据	权重
知识	1.依据课堂提问回答情况 2.依据课时任务表完成情况	30%
技能	1.依据课内项目完成情况 2.依据课外项目完成情况	50%
态度(规范、仔细、对质量的追求、创造性等)	1.迟到早退1次各扣5分,旷课1次扣10分,累计3次及以上(包括迟到早退累计3次),取消该门课程的成绩 2.将手机、无关书籍、零食带进实训室1次扣5分 3.做和上课无关的事情各扣5分(聊天、睡觉、追逐打闹、不服从管理等) 4.迟交作业或不按项目要求完成作业1次扣5分	20%

模块三 车外沟槽

模块描述

本模块是学生通过观察老师在车床上的加工过程的操作和观看PPT,经过老师的指导和反复练习,能够按考核表(表3-5)所列要求独立完成图3-13工件的车削加工任务。

表3-5 车矩形槽任务考核表

班级		小组		姓名		日期	
序号	考核内容		要求			分值	得分
1	长 度		50mm 10mm (右) 14mm 6mm 10mm			20	
2	直 径		$\phi 50$mm $\phi 45^{\ 0}_{-0.062}$mm			20	
3	直 槽		$\phi 35^{\ 0}_{-0.13}$mm、$6^{0.2}_{\ 0}$mm			10	
4	圆弧槽		R2			10	
5	倒 角		C2			10	
6	粗糙度		Ra3.2			10	
7	文明安全操作		1.安全着装 2.正确开启、使用砂轮机 3.正确刃磨车刀 4.正确摆放刀具			20	
合计							

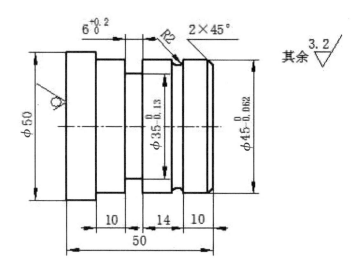

图3-13 车外沟槽实习图

二、教学目标

(1)了解沟槽的种类和作用。

(2)掌握矩形槽和圆弧槽的车削方法和测量方法。

三、教学资源

(1)理实一体化教室。

(2)PPT多媒体教学课件(动画演示车床操作和测量方法)。

(3)5~10台车床,150mm游标卡尺、样板、塞规、钢直尺和卡钳各10把,圆钢ϕ52mm×ϕ52mm若干,外圆、切槽、圆弧槽车刀若干等。

(4)每人一张任务考核表。

四、教学组织

(1)实操前指导分组,每组4人,由组长、安全员和质检员组成;上岗实操,4人一台车床,1人操作,另选择1人监督,并填写任务表和安全文明操作部分内容;完成后,轮换岗位。

(2)通过PPT多媒体教学课件,演示车床加工操作过程,展现课程任务,使学生感性认识车削和测量过程。

五、教学过程

1.任务呈现

引入课程,使学生了解沟槽的种类和作用。

2.任务分析

分析车刀和沟槽特征,确定加工工艺。

3.教师演示操作

分析确定加工用量,实施车削任务。

4.学生独立操作

根据任务完成车削,教师巡视指导。

5.评价展示

对工件进行检测评价。

六、相关工艺知识

(一)沟槽

在工件上车各种形状的槽子叫车沟槽。外圆和平面上的沟槽叫外沟槽,内孔的沟槽叫内沟槽。

1.沟槽的种类和作用

沟槽的形状和种类较多,常用的外沟槽有矩形沟槽、圆形沟槽、梯形沟槽等。矩形槽的作用通常是使所装配的零件有正确的轴向位置在磨削、车螺纹、插齿等加工过程中便于退刀。

2.车槽刀的安装

车槽刀的装夹是否正确对车槽的质量有直接的影响。如矩形车槽刀的装夹,要求垂直于工件轴线,否则车出的槽壁不会平直。

3.车槽方法

(1)车精度不高的和宽度较窄的矩形沟槽。可以用刀宽等于槽宽的车槽刀,采用直进法一次进给车出。

(2)车精度较高的宽度较窄的矩形槽。一般采用两次进给车成,即第一次用刀宽窄于槽宽的槽刀粗车,两侧槽壁及槽底留精车余量,第二次进给时用等宽刀修整。

(3)车较宽的沟槽。可以采用多次直进法车削。

①划线确定沟槽的轴向位置。

②粗车成形,在两侧槽壁及槽底留0.1~0.3mm的精车余量。

③精车基准槽壁,精确定位。

④精车第二槽壁,通过试切削保证槽宽。

⑤精车槽底保证槽底直径。

（4）车削较小的圆弧形槽，一般用成型刀一次车出；较大的圆弧形槽，可用双手联动车削，用样板检查修整。

4.沟槽的测量

（1）精度要求低的沟槽，一般采用钢直尺和卡钳测量。

（2）精度较高的沟槽，底径可用千分尺，槽宽可用样板、游标卡尺、塞规等检查测量。

（二）看生产实习图（图3-14），确定练习件的加工步骤

1.开车前准备工作

（1）检查车床运转情况是否正常，将工具合理摆放。

（2）检查服装（佩戴）是否符合安全文明生产的要求。

（3）低速运转车床，检查备料尺寸，加油润滑车床，编排加工工艺。

2.车平面，钻中心孔

（1）用三爪自定心卡盘装夹，伸出长度60mm左右，找正并夹紧。

（2）车平面，选用A3中心钻钻中心孔。

特别提示：车平面不能留有凸台，钻中心孔应选用较高的转速、较小的进给量。

3.一夹一顶车外圆

（1）将工件用一夹一顶方法装夹，粗车外圆至φ45.5mm、长度39.5mm。

（2）精车外圆至尺寸要求，长度40mm。

4.粗、精车矩形槽、圆弧槽

（1）装夹车槽刀、小圆头车刀、划槽距线。

（2）粗、精车各槽到图样要求。

特别提示：

①槽刀几何角度：前角5°~10°；主后角6°~8°；副后角1°~3°；主偏角90°；副偏角1°~1.5°。

②车槽时，用借刀法进行车削并加入充分的切削液，防止振动、扎刀。

③控制槽宽和槽底直径时，为防止产生锥度和喇叭口可增加一次半精车，以检查车刀的装夹和锋利情况。

④槽宽出现喇叭形的主要原因：刀刃磨损；车刀角度不对称；车刀装夹不正确。

⑤切断用左右借刀法。

（三）容易产生的问题和注意事项

（1）车槽刀的主刀刃和轴心线不平行，车出的沟槽底部呈现竹节形。

（2）要防止槽底与槽壁相交处出现圆角和槽底中间尺寸小,靠近槽壁两侧尺寸大。

（3）槽壁与中心线不垂直,出现内槽狭窄外口大的喇叭形,造成这种现象的主要原因。

①刀刃磨钝让刀。

②车刀刃磨角度不正确。

③车刀装夹不垂直。

（4）槽壁与槽底产生小台阶,主要原因是接刀不正确所造成。

（5）要正确使用游标卡尺、样板、塞规等测量沟槽。

（6）合理选用转速和进给量。

（7）正确使用切削液。

七、评价方案

车外沟槽任务评价见表3-6。

表3-6　车外沟槽任务评价表

评价内容	评价依据	权重
知识	1.依据课堂提问回答情况 2.依据课时任务表完成情况	30%
技能	1.依据课内项目完成情况 2.依据课外项目完成情况	50%
态度（规范、仔细、对质量的追求、创造性等）	1.迟到早退1次各扣5分，旷课1次扣10分，累计3次及以上（包括迟到早退累计3次），取消该门课程的成绩 2.将手机、无关书籍、零食带进实训室1次扣5分 3.做和上课无关的事情各扣5分（聊天、睡觉、追逐打闹、不服从管理等） 4.迟交作业或不按项目要求完成作业1次扣5分	20%

项目四

套类零件的加工

项目描述

套类零件是机械结构中常见的一类零件,是车工学习的一项重要内容,内孔质量会影响后续的加工过程甚至影响到零件的使用功能。该项目包含麻花钻的刃磨、内孔车刀的刃磨、钻孔和铰孔以及镗削通孔和阶台孔四个任务模块。通过本项目的学习与实践,学会正确刃磨麻花钻和内孔车刀、熟练钻孔和铰孔以及镗削通孔和阶台孔等操作。

模块一　麻花钻的刃磨

一、模块描述

本模块是学生通过观察老师在车床上的加工过程的操作和观看PPT,经过老师的指导和反复练习,能够按考核表(表4-1)所列要求独立完成麻花钻的刃磨。

表4-1　麻花钻刃磨任务考核表

班级		小组		姓名		日期	
序号	考核内容		要求			分值	得分
1	两主切削刃		对称			20	
2	顶角		118°			10	
3	横刃斜角		55°			20	
4	前角		−30°~30°			15	
5	后角		8°~12°			15	
6	文明安全操作		1.安全着装 2.正确开启、使用砂轮机 3.正确刃磨钻头 4.正确摆放钻头			20	
合计							

二、教学目标

(1)了解麻花钻的几何形状和切削部分的角度要求。

(2)掌握麻花钻切削部分的刃磨方法。

三、教学资源

(1)理实一体化教室。

(2)PPT多媒体教学课件(动画演示钻孔操作和麻花钻刃磨操作)。

(3)5台砂轮机、废旧麻花钻头若干、角度样板10个,150mm游标卡尺5把。

(4)每人一张任务考核表。

四、教学组织

(1)实操前指导分组,每组4人,由组长、安全员和质检员组成;上岗实操,4人一台车床,1人操作,另选择1人监督,并填写任务表和安全文明操作部分内容;完成后,轮换岗位。

(2)通过PPT多媒体教学课件,演示车床加工过程和麻花钻刃磨操作过程,展现课程任务,演示操作过程,使学生感性认识车削和刀具磨削过程。

五、教学过程

1.任务呈现

引入课程,使学生了解麻花钻的结构及其用途。

2.任务分析

实物分析麻花钻组成及切削部分的角度要求,确定磨削部分。

3.教师演示操作

分析确定麻花钻刃磨的部分,实施刃磨任务。

4.学生独立操作

根据任务完成麻花钻刃磨。教师巡视指导。

5.评价展示

对刃磨的麻花钻进行检测评价。

六、相关工艺知识

(一)麻花钻

1. 麻花钻的构造及其作用

麻花钻是常用的钻孔刀具,由柄部、颈部、工作部分组成,如图4-1所示。

(1)柄部。柄部分直柄和莫氏锥柄两种,其作用是钻削时传递切削动力和钻头的夹持与定心。

（2）颈部。直径较大的钻头在颈部刻有商标、直径和材料牌号。

（3）工作部分。工作部分由切削部分和导向部分组成。两切削刃起切削作用。棱边起导向作用和减少摩擦作用。它的两条螺旋槽的作用是构成切削刃,排出切屑和进切削液。螺旋槽的表面即为钻头的前面。

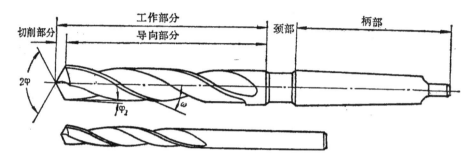

图4-1　麻花钻的结构

2. 麻花钻切削部分的几何角度（图4-2）

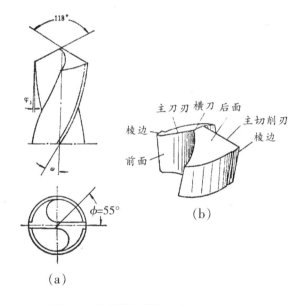

（b）

（a）

图4-2　麻花钻切削部分的几何角度

（1）顶角。麻花钻的两切削刃之间的夹角叫顶角。角度一般为118°。钻软材料时可取小些,钻硬材料时可取大些。

（2）横刃斜角。横刃与主切削刃之间的夹角叫顶角,通常为55°。横刃斜角的大小随刃磨后角的大小而变化。后角大,横刃斜角减小,横刃变长,钻削时周向力增大。后角小则情况反之。

（3）前角。一般为-30°~30°,外圆处最大,靠近钻头中心处变为负前角。麻花钻的螺旋角越大,前角也越大。

（4）后角。麻花钻的后角也是变化的,外缘处最小,靠近钻头中心处的后角最大。一般为8°~12°。

（二）麻花钻的刃磨

麻花钻刃磨的好坏,直接影响钻孔质量和钻削效率。麻花钻一般只刃磨两个主后面,并同时磨出顶角、后角、横刃斜角。所以麻花钻的刃磨比较困难,刃磨技术要求较高。

1. 刃磨要求

麻花钻的两个主切削刃和钻心线之间的夹角应对称,刃长要相等。否则钻削时会出现单刃切削或孔径变大及钻削时产生阶台等弊端(图4-3)。

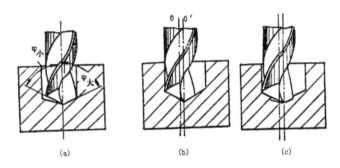

图4-3 主切削刃和钻心线之间的夹角应对称

2.刃磨方法和步骤(图4-4)

刃磨前,钻头切削刃应放在砂轮中心水平面上或稍高些。钻头中心线与砂轮外圆柱面母线在水平面内的夹角等于顶角的一半,同时钻尾向下倾斜。

钻头刃磨时,用右手握住钻头前端作支点,左手握钻尾,以钻头前端支点为圆心,钻尾作上下摆动,并略带旋转;但不能转动过多,或上下摆动太大,以防磨出负后角,或把另一面主切削刃磨掉。特别是在磨小麻花钻时更应注意。

当一个主切削刃磨削完毕后,把钻头转过180°刃磨另一个主切削刃,人和手要保持原来的位置和姿势,这样容易达到两刃对称的目的。

3. 刃磨检查(图4-5)

（1）用样板检查。

（2）目测法。麻花钻磨好后,把钻头垂直竖在与眼等高的位置上,再明亮的背景下用眼观察两刃的长短、高低;但由于视差关系,往往感到左刃高,右刃低,此时要把钻头转过180°,再进行观察。这样反复观察对比，最后感到两刃基本对称就可使用。如果发现两刃有偏差，必须继续修磨。

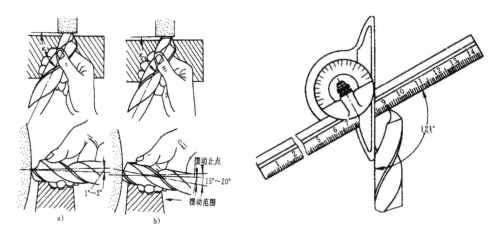

图4-4 麻花钻的刃磨   图4-5 麻花钻的刃磨检查

(三)注意事项

(1)砂轮机在正常旋转后方可使用。

(2)刃磨钻头时应站在砂轮机的侧面。

(3)砂轮机出现跳动时应及时修整。

(4)随时检查两主切削刃是否对称相等。

(5)刃磨时应随时冷却，以防钻头刃口发热退火，降低硬度。

(6)初次刃磨时，应注意外缘边出现负后角。

七、评价方案

麻花钻刃磨任务评价见表4-2。

表4-2 麻花钻刃磨任务评价表

评价内容	评价依据	权重
知识	1.依据课堂提问回答情况 2.依据课时任务表完成情况	30%
技能	1.依据课内项目完成情况 2.依据课外项目完成情况	50%
态度(规范、仔细、对质量的追求、创造性等)	1.迟到早退1次各扣5分，旷课1次扣10分，累计3次及以上（包括迟到早退累计3次），取消该门课程的成绩 2.将手机、无关书籍、零食带进实训室1次扣5分 3.做和上课无关的事情各扣5分（聊天、睡觉、追逐打闹、不服从管理等） 4.迟交作业或不按项目要求完成作业1次扣5分	20%

模块二　内孔车刀的刃磨

一、模块描述

本模块是学生通过观察老师在车床上的加工过程的操作和观看PPT,经过老师的指导和反复练习,能够按考核表(表4-3)所列要求独立完成内孔车刀的刃磨工作。

表4-3　内孔刀刃磨任务考核表

班级		小组		姓名		日期	
序号	考核内容		要求			分值	得分
1	前刀面的磨削		前角 $\gamma=10°\sim15°$ 刃倾角$\lambda_s=0°\sim5°$			20	
序号	考核内容		要求			分值	得分
2	主后刀面的磨削		后角$\alpha_0=8°\sim12°$ 主偏角45°~75°通孔刀 90°~93°盲孔刀			20	
3	副后刀面的磨削		根据孔径,保证不扎刀 副偏角10°~45°通孔刀 3°~6° 盲孔刀			10	
4	主切削刃的磨削		刃宽为 0.2 ~ 0.4mm,刀尖倒角			10	
5	断屑槽的磨削		槽宽为 3 ~ 5mm			10	
6	刀杆的磨削		直径和长度适应加工孔			10	
7	文明安全操作		1.安全着装 2.正确开启、使用砂轮机 3.正确刃磨车刀 4.正确摆放刀具			20	
合计							

二、教学目标

(1)了解镗刀的使用特点、种类和几何角度。

(2)掌握刃磨镗刀的步骤及方法。

三、教学资源

(1)理实一体化教室。

(2)PPT多媒体教学课件(动画演示车床镗孔过程和镗孔刀刃磨操作)。

(3)5台砂轮机,废旧镗孔刀若干,角度样板10个,150mm游标卡尺10把。

(4)每人一张任务考核表。

四、教学组织

(1)实操前指导分组,每组4人,由组长、安全员和质检员组成;上岗实操,4人一台砂轮机,1人操作,另选择1人监督,并填写任务表和安全文明操作部分内容;完成后,轮换岗位。

(2)通过PPT多媒体教学课件,演示内孔车削加工和内孔刀刃磨操作过程,展现课程任务,演示操作过程,使学生感性认识车削和刀具磨削过程。

五、教学过程

1.任务呈现

引入课程,使学生了解镗孔车刀的种类及其用途。

2.任务分析

实物分析车刀组成,确定磨削部分。

3.教师演示操作

分析确定车刀刃磨的部分,实施刃磨任务。

4.学生独立操作

根据任务完成刀具刃磨。教师巡视指导。

5.评价展示

对刃磨的车刀进行检测评价。

六、相关工艺知识

(一)镗孔

不论锻孔、铸孔或经过钻孔的工件,一般都很粗糙,必须经过镗削等加工后才能达到图样的精度要求。

镗内孔需要内孔镗刀,其切削部分基本上与外圆车刀相似,只是多了一个弯头而已。

1.镗刀分类

根据刀片和刀杆的固定形式,镗刀分为整体式和机械夹固式。

(1)整体式镗刀。整体式镗刀一般分为高速钢和硬质合金两种。高速钢整体式镗刀,刀头、刀杆都是高速钢制成(图4-6)。硬质合金整体式镗刀,只是在切削部分焊接上一块合金刀头片,其余部分都是用碳素钢制成(图4-7)。

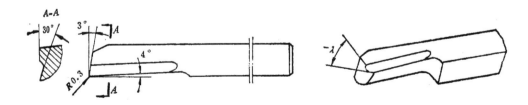

图4-6　高速整体式镗刀

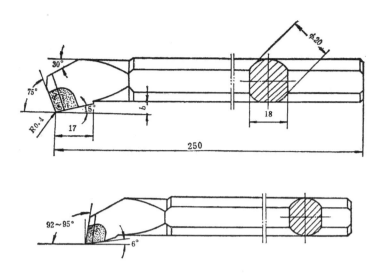

图4-7 硬质合金整体式镗刀

（2）机械夹固式镗刀。机械夹固镗刀由刀排、小刀头、紧固螺钉组成,如图4-8所示。其特点是能增加刀杆强度,节约刀杆材料,既可安装高速钢刀头,也可安装硬质合金刀头。使用时可根据孔径选择刀排,因此比较灵活方便。

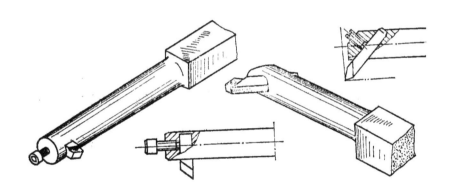

图4-8 机械夹固式镗刀

根据主偏角分为通孔镗刀和盲孔镗刀(图4-9)。

①通孔镗刀。其主偏角取45°~75°,副偏角取10°~45°,后角取8°~12°。为了防止后面跟孔壁摩擦,也可磨成双重后角。

②盲孔镗刀。其主偏角取90°~93°,副偏角取3°~6°,后角取8°~12°。

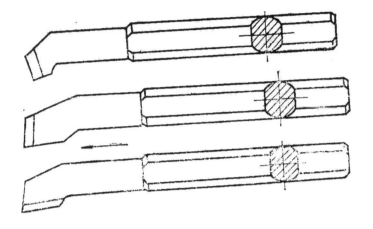

图4-9　通孔镗刀与盲孔镗刀

(二)看图确定刃磨步骤

内孔镗刀的刃磨角度如图4-10所示。刃磨操作步骤如下。

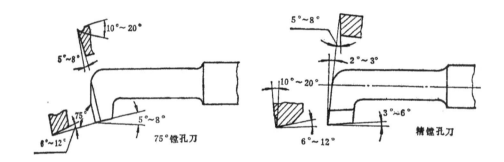

图4-10　内孔镗刀的刃磨角度

(1)粗磨前面。

(2)粗磨主后面。

(3)粗磨副后面。

(4)粗、精磨前角。

(5)精磨主后面、副后面。

(6)修磨刀尖圆弧。

(三)注意事项

(1)刃磨卷屑槽前,应先修整砂轮边缘处成为小圆角。

(2)卷屑槽不能磨得太宽,以防镗孔时排屑困难。

(3)刃磨时注意带防护眼镜。

七、评价方案

内孔镗刀刃磨任务评价见表4-4。

表4-4　内孔镗刀刃磨任务评价表

评价内容	评价依据	权重
知识	1.依据课堂提问回答情况 2.依据课时任务表完成情况	30%
技能	1.依据课内项目完成情况 2.依据课外项目完成情况	50%
态度（规范、仔细、对质量的追求、创造性等）	1.迟到早退1次各扣5分，旷课1次扣10分，累计3次及以上（包括迟到早退累计3次），取消该门课程的成绩 2.将手机、无关书籍、零食带进实训室1次扣5分 3.做和上课无关的事情各扣5分（聊天、睡觉、追逐打闹、不服从管理等） 4.迟交作业或不按项目要求完成作业1次扣5分	20%

模块三　钻孔和铰孔

一、模块描述

本模块是学生通过观察老师在车床上的加工过程的操作和观看PPT,经过老师的指导和反复练习,能够按考核表（表4-5）所列要求独立完成钻孔和铰孔加工。

表4-5　钻孔和铰孔任务考核表

班级		小组		姓名		日期	
序号	考核内容		要求			分值	得分
1	前刀面的磨削		前角 γ_0=10°~15° 刃倾角 λ_s=0°~5°			20	
2	主后刀面的磨削		后角 α_0=4°~6°			10	
3	副后刀面的磨削		副后角 α'_0=4°~6°			10	
4	主切削刃的磨削		刃宽为=0.2~0.4mm			20	
5	断屑槽的磨削		槽宽为3~5mm			10	
6	三角螺纹车刀的磨削		牙型角			10	
7	文明安全操作		1.安全着装 2.正确开启、使用砂轮机 3.正确刃磨车刀 4.正确摆放刀具			20	
合计							

二、教学目标

（1)学会钻孔操作。

（2)学会铰孔操作。

（3)了解产生废品的原因及预防方法。

三、教学资源

（1）理实一体化教室。

（2）PPT多媒体教学课件（动画演示钻孔和铰孔操作）

（3）5~10台车床，ϕ19.6mm麻花钻头5把，ϕ20mm六齿铰刀10把，ϕ40mm圆钢若干，各规格变径套若干，游标卡尺5把。

（4）每人一张任务考核表。

四、教学组织

（1）实操前指导分组，每组4人，由组长、安全员和质检员组成；上岗实操，4人一台车床，1人操作，另选择1人监督，并填写任务表和安全文明操作部分内容；完成后，轮换岗位。

（2）通过PPT多媒体教学课件，演示钻孔和铰孔操作过程，展现课程任务，演示操作过程，使学生感性认识钻孔和铰孔过程。

五、教学过程

1.任务呈现

引入课程，使学生了解内孔的用途及其精度要求。

2.任务分析

实物分析钻头和铰刀以及内孔质量，确定加工工艺。

3.教师演示操作

分析确定切削用量，实施钻孔和铰孔任务。

4.学生独立操作

根据任务完成钻孔、铰孔。教师巡视指导。

5.评价展示

对加工的内孔进行检测评价。

六、相关工艺知识

（一）钻孔

为了防止钻头产生晃动，可以在刀架上夹一挡铁，支持钻头头部，帮助钻头定心（图4-11）。其方法是：先用钻头钻入工件端面（少量），然后用挡铁支顶，见钻头逐渐不晃动时，继续钻削即可，但挡铁不能把钻头顶过工件中心，否则容易折断钻头，当钻头已正确定心时，挡铁即可退出。

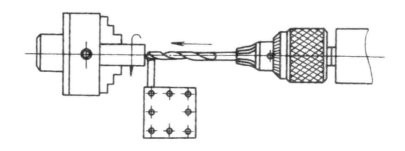

图4-11 钻孔挡铁定心

用小麻花钻钻孔时,一般先用中心钻定心,再用钻头钻孔,这样加工的孔,同轴度较好。

(二)铰孔

铰刀的结构如图4-12所示。

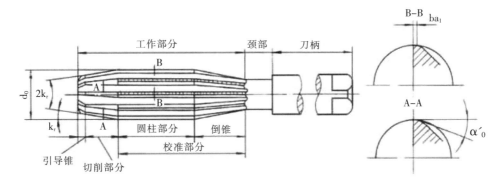

图4-12 铰刀结构

1.铰孔时的切削余量

(1)铰孔之前,留的余量不能太大或太小,余量太小,钻削痕迹不能铰去;余量太大会使铁屑挤塞在铰刀的齿槽中, 使切削液不能进入切削区而影响质量。因此切削余量一般为0.08~0.15mm。

(2)铰孔时机床转速应在低速,这样容易获得小的表面粗糙度。

(3)由于铰刀修光校正部分较长,因此进给量可以取得大一些,钢料取0.2~1mm/r,铸铁可取的更大些。

2.铰孔方法

(1)铰孔之前,通常先钻孔和镗孔,留一定余量进行铰孔。但必须指出镗孔对质量的重要意义。因为通过镗孔,不仅能控制铰削余量,更重要的是能提高零件的同轴度和孔的直线度。对于10mm以下的小孔由于镗削困难,为了保证铰孔质量,一般应先用中心钻定位,再钻孔和扩孔,然后进行铰孔。

（2）铰孔时，必须加切削液，以保证表面质量。

（三）注意事项

（1）起钻时进给量要小，等钻头头部进入工件后可正常钻削。

（2）当钻头要钻穿工件时，由于钻头横刃首先穿出，因此轴向阻力大减，所以这时进给速度必须减慢。否则钻头容易被工件卡死，损坏机床和钻头。

（3）钻小孔或深孔时，由于切屑不易排出，必须经常退出钻头排屑，否则容易因切屑堵塞而使钻头"咬死"。

（4）钻小孔转速应选的高一些，否则钻削时抗力大，容易产生孔位偏斜和钻头折断。

（5）钻削前，应先试铰，以免造成废品。

七、评价方案

钻孔和铰孔任务评价见表4-6。

表4-6　钻孔和铰孔任务评价表

评价内容	评价依据	权重
知识	1.依据课堂提问回答情况 2.依据课时任务表完成情况	30%
技能	1.依据课内项目完成情况 2.依据课外项目完成情况	50%
态度（规范、仔细、对质量的追求、创造性等）	1.迟到早退1次各扣5分，旷课1次扣10分，累计3次及以上（包括迟到早退累计3次），取消该门课程的成绩 2.将手机、无关书籍、零食带进实训室1次扣5分 3.做和上课无关的事情各扣5分（聊天、睡觉、追逐打闹、不服从管理等） 4.迟交作业或不按项目要求完成作业1次扣5分	20%

模块四　镗削通孔

一、模块描述

本模块是学生通过观察老师在车床上的加工过程的操作和观看PPT，经过老师的指导和反复练习，能够按考核表（表4-7）所列要求独立完成图4-13所示通孔零件的加工。

表4-7　镗孔任务考核表

班级		小组		姓名		日期	
序号	考核内容		要求			分值	得分
1	直径		$\phi(56\pm0.03)$mm $\phi(32\pm0.05)$mm			30	
2	长度		（43 ± 0.1）mm			10	
3	倒角		C1 四处			20	
4	粗糙度		Ra3.2			20	
5	文明安全操作		1.安全着装 2.正确开启、使用车床 3.文明有序实训 4.正确摆放工量刃具			20	
合计							

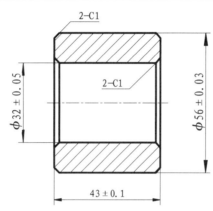

图4-13　镗削通孔实习图

二、教学目标

（1）正确安装镗孔车刀。

（2）掌握通孔的加工方法及切削用量的选择。

（3）正确掌握内径表的安装及使用方法。

三、教学资源

（1）理实一体化教室。

（2）PPT多媒体教学课件（动画演示镗孔操作和测量方法）。

（3）5~10台车床，ϕ60mm圆钢若干，ϕ24mm钻头5把，内孔车刀每组3把，150mm游标卡尺5把，2~50mm、50~75mm外径千分尺5把，30~50mm内径百分表5把。

（4）每人一张任务考核表。

四、教学组织

（1）实操前指导分组，每组4人，由组长、安全员和质检员组成；上岗实操，4人一台车床，1人操作，另选择1人监督，并填写任务表和安全文明操作部分内容；完成后，轮换岗位。

（2）通过PPT多媒体教学课件,演示车床加工和内径百分表测量内孔操作过程,展现课程任务,演示操作过程,使学生感性认识车削过程和内径百分表用法。

五、教学过程

1.任务呈现

引入课程,使学生了解套类零件的用途及加工方法。

2.任务分析

实物分析车削过程,确定车削工艺。

3.教师演示操作

分析确定切削用量,实施车削任务。

4.学生独立操作

根据任务完成车削。教师巡视指导。

5.评价展示

对加工件进行检测评价。

六、相关工艺知识

(一)孔的类型

机械零件上的孔从精度的角度可分为一般精度的孔、较高精度的孔和高精度的配合孔。一般精度的孔,如螺纹联接的孔,可通过钻孔或扩孔完成;较高精度的孔,如与轴类工件配合的齿轮和带轮的内孔,除了钻孔、扩孔外,还必须在车床上进行镗孔;高精度的配合孔,如精密缸套或与柱塞配合的阀体孔,还必须进行铰孔、研磨孔等。从结构特征的角度,孔可分为直孔、阶梯孔和圆锥孔等。从是否贯穿的角度,孔可分为通孔和不通孔。

(二)镗孔

1.镗孔的概念

镗孔是指在车床上,使用镗孔刀把预制孔,如铸造孔、锻造孔或钻、扩的孔加工成更高精度的孔的加工方法。镗孔所得尺寸的标准公差等级一般可达到IT7~IT8,表面粗糙度值达Ra1.6~0.8mm。因此,镗孔既可作半精加工,也可作精加工。

2.镗刀的特点及类型

镗孔所用车刀是内孔车刀,也称镗刀。由于零件上的孔有一定的大小和深度,加工孔的刀具必然会受到孔大小和深度的限制,故镗刀既不能做得太粗,又不能做得太短,因此镗刀的刚性和强度较低。镗刀按其所加工孔的类型可分为通孔镗刀和不通孔镗刀;按结构可分为整体式镗刀和机械夹固式镗刀;按加工精度要求可分为粗镗刀和精镗刀;按刀具的材料可分为硬质合金镗刀和高速钢镗刀。

3.镗孔的方法

镗孔加工一般分为粗镗、半精镗、精镗。镗孔时,第一刀的粗镗通常采用手动镗削,第一刀之后的粗膛可以采用自动进给镗削,以尽快切削金属余量为主,但粗镗必须要留半精镗和精镗余量;最后一刀为精镗,精镗以达到要求的尺寸精度和表面质量为主。

4.镗孔的主要特点

(1) 镗孔的工作条件比车削外圆困难,因此,镗孔时的切削速度、进给量和背吃刀量比车削外圆小。

(2) 镗孔的方法基本上与车削外圆相同,只是进给与退刀方向相反。

5.镗通孔的技术要点

镗孔按所加工孔的类型分为镗通孔和镗不通孔。

(1)通孔镗刀的安装方法如下。

①刀尖应对准工件的中心或比中心稍高,以便增大镗刀的后角。

②刀杆伸出长度应尽可能短些,一般比孔深多5mm左右。

③刀杆与轴线基本平行,以防止刀杆与内孔壁发生干涉。

④镗刀装好后,首先手动移到孔内试走一遍,检查有无碰撞现象,以确保安全。

(2)孔径的控制。镗通孔时,主要控制孔径,孔的深度只需要镗通即可。控制孔径的方法与控制外径的方法一样,采用试切法。镗刀先轻轻碰一下孔口内壁,纵向退出,根据径向余量的一半横向进给(注意与车削外圆的进给方法刚好相反),纵向移动镗刀,切削2mm左右长的孔壁,纵向快速退出车刀(横向不动)然后停车测量。反复试切,直至符合孔径精度要求后,再自动进给,完成镗削。

(三)孔径的测量

通孔的测量主要是测量孔径,通常根据孔径的大小、精度,以及工件的数量,选用相应的测量工具。

1.精度较低的孔径的测量

采用钢直尺、内卡钳、游标卡尺进行测量。

2.精度高的孔径的测量

(1)大批量生产。大批量生产时,常采用塞规检验工件。塞规由通端、止端和手柄组成,塞规的通端尺寸等于孔的下极限尺寸,止端尺寸等于孔的上极限尺寸。测量时,如果通端能塞入孔内,而止端不能塞入孔内,则说明孔径合格。

塞规通端的长度比止端的长度长,一方面便于修磨通端,以延长塞规的使用寿命,另一方面便于区分通端与止端。

(2)小批量生产。常采用内测千分尺、内径千分尺、内径百分表等进行测量。

3.内径百分表测量孔径的方法

(1)内径百分表利用对比法测量孔径。测量前先校准百分表零位,就是根据被测孔径,用千分尺把内径百分表校准为零。测量时,为得到准确的尺寸,活动测量头应在径向摆动并找出最大值,在轴向摆动并找出最小值。所得值即为孔径公称尺寸的偏差值,由此计算出孔径的实际尺寸。内径百分表的分度值为0.01mm,测量范围有0~3mm,0~5mm,0~10mm等规格。内径百分表主要用于测量精度要求高而且较深的孔。

(2)内径表的安装、校正与使用(图4-14)。

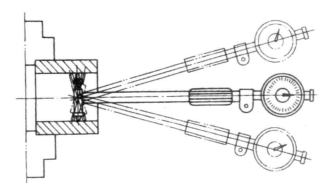

图4-14　内径百分表的使用

①安装与校正。在内径测量杆上安装表头时,百分表的测量头和测量杆的接触量一般为0.5mm左右;安装测量杆上的固定测量头时,其伸出长度可以调节,一般比测量孔径大0.2mm左右,(可以用卡尺测量);安装完毕后用百分尺来校正零。

②使用与测量方法。内径百分表和百分尺一样是比较精密的量具,因此测量时,先用卡尺控制孔径尺寸,留余量0.3~0.5mm时再使用内径百分表;否则余量太大易损坏内径表。测量中,要注意百分表的读法,长指针逆时针过零为孔小,逆时针不过零为孔大。

(3)测量中,内径表上下摆动取最小值为实际值。

(四)看实习图(图4-13)确定加工步骤

1.加工步骤一

(1)装夹毛坯,露出长度大于25mm,找正夹紧。

(2)钻ϕ26mm通孔。

(3)车端面(车平即可)。

(4)粗、精车外圆ϕ(56±0.03)mm至尺寸要求。

(5)倒角1×45°。

(6)粗精车内孔ϕ(32±0.05)mm至尺寸要求。

(7)倒角。

(8)检查、卸下工件。

2.加工步骤二

(1)掉头,垫铜皮装夹找正夹紧。

(2)粗、精车外圆ϕ(56±0.03)mm至尺寸要求(注意接刀)。

(3)车端面,控制长度43mm。

(4)倒角。

(5)检查、卸下工件。

(五)注意事项

(1)加工过程中注意中滑板退刀方向与车外圆时相反。

(2)用内径表测量前,应首先检查内径表指针是否复零,再检查测量头有无松动、指针转动是否灵活。

(3)用内径表测量前,应先用卡尺测量,当余量为0.3~0.5mm左右时才能用内径表测量,否则易损坏内径表。

(4)精镗内孔时,应保持车刀锋利。

(5)根据余量大小合理分配切削深度,力争快准。

七、评价方案

镗孔任务评价表见4-8。

表4-8 镗孔任务评价表

评价内容	评价依据	权重
知识	1.依据课堂提问回答情况 2.依据课时任务表完成情况	30%
技能	1.依据课内项目完成情况 2.依据课外项目完成情况	50%
态度（规范、仔细、对质量的追求、创造性等）	1.迟到早退1次各扣5分，旷课1次扣10分，累计3次及以上（包括迟到早退累计3次），取消该门课程的成绩 2.将手机、无关书籍、零食带进实训室1次扣5分 3.做和上课无关的事情各扣5分（聊天、睡觉、追逐打闹、不服从管理等） 4.迟交作业或不按项目要求完成作业1次扣5分	20%

模块五　镗削盲孔和台阶孔

一、模块描述

本模块是学生通过观察老师在车床上的加工过程的操作和观看PPT，经过老师的指导和反复练习，能够按考核表（表4-9）所列要求独立完成图4-15所示零件的加工。

表4-9 镗孔任务考核表

班级		小组		姓名		日期	
序号	考核内容		要求		分值		得分
1	直径		$\phi(59\pm0.03)$mm $\phi(28\pm0.05)$mm $\phi27^{+0.08}_{0}$mm $\phi38^{+0.06}_{0}$mm		40		
2	长度		105 ± 0.08mm $25^{+0.12}_{0}$mm 40 ± 0.06mm 18 ± 0.016mm		20		
3	倒角		四处		10		
4	粗糙度		Ra3.2		10		
5	文明安全操作		1.安全着装 2.正确开启、使用车床 3.文明有序实训 4.正确摆放工量刃具		20		
合计							

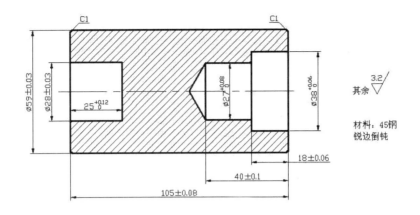

图4-15　镗削盲孔台阶孔实习图

二、教学目标

(1)了解盲孔(平底孔)和台阶孔的特点。

(2)掌握盲孔(平底孔)的加工方法。

(3)掌握台阶孔的加工方法。

(4)掌握盲孔和台阶孔孔深的控制和测量方法。

三、教学资源

(1)理实一体化教室。

(2)PPT多媒体教学课件(动画演示镗孔操作和测量方法)。

(3)5~10台车床,ϕ60mm×107mm圆钢若干,ϕ24mm钻头5把,内孔车刀每组3把,150mm右边卡尺5把,25~50mm外径千分尺5把,18~35mm、35~50mm内径百分表各5把。

(4)每人一张任务考核表。

四、教学组织

(1)实操前指导分组,每组4人,由组长、安全员和质检员组成;上岗实操,4人一台车床,1人操作,另选择1人监督,并填写任务表和安全文明操作部分内容;完成后,轮换岗位。

(2)通过PPT多媒体教学课件,演示车床加工过程,展现课程任务,演示操作过程,使学生感性认识车削过程和。

五、教学过程

1.任务呈现

引入课程,使学生了解盲孔零件的特点及加工方法。

2.任务分析

实物分析车削过程,确定车削工艺。

3.教师演示操作

分析确定切削用量,实施车削任务。

4.学生独立操作

根据任务完成车削。教师巡视指导。

5.评价展示

对加工件进行检测评价。

六、相关工艺知识

(一)盲孔(平底孔)和台阶孔的特点

盲孔是不贯通的孔,平底孔是孔底为平面的盲孔,台阶孔是圆柱内表面有若干层台阶的孔。这些孔的主要特点是有一定的深度要求,因此在加工这些孔时,除了要保证它的内径,还要保证它的孔深。

1.镗盲孔(平底孔)和台阶孔

(1)盲孔镗刀的几何形状和主要特点如下。

①盲孔镗刀的主偏角kr大于90°,一般取92°~95°,后角要求与通孔镗刀相同,刀尖在刀杆的最前端。

②平底盲孔镗刀刀尖到刀柄外侧的距离应小于孔的半径R,否则无法镗平底孔的底面。

③盲孔镗刀的前刀面应磨出后排断屑槽,因为镗盲孔时无法从前端排屑,只能从后端排屑。

④盲孔粗镗刀的副偏角取15°~30°,盲孔精镗刀的副偏角取4°~6°。

(2)盲孔镗刀的安装。

①盲孔镗刀的安装方法与通孔膛刀的安装方法基本相同。

②镗孔刀的安装应使刀尖与工件回转中心等高或比工件回转中心稍高,刀柄伸出刀架的长度应尽可能短些。

③盲孔镗刀的主切削刃应与端平面成3°~5°夹角。

④在镗削台阶内平面时,横向应有足够的退刀余地。

⑤车削平底孔时,横向退刀距离应大于孔的半径,刀尖应严格对准工件中心。

2.镗削盲孔(平底孔)的方法(图4-16)。

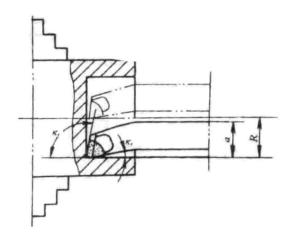

图4-16 镗削盲孔

（1）车平端面。

（2）必要时，可先钻中心孔作为导引孔。

（3）钻底孔。选择比孔径小1.5~2mm的钻头，先钻出底孔，其钻孔深度从麻花钻顶尖量起，并在麻花钻上划上刻线痕做记号。然后用直径相同的平头麻花钻将底孔扩成平底，底平面处留余量0.5~1mm。

（4）粗镗孔壁和底平面，留精镗余量0.2~0.3mm。粗镗时，第一刀粗镗一般采用手动镗削，并在接近终止位置处作好记号。后面加工可以采用自动进给镗削，但当自动镗削接近底端时，应改为手动镗削，并横向镗平底平面。

（5）精镗盲孔（平底孔）时，最后一刀为精镗。一般先试切内孔，保证孔径；然后自动镗削到底端，保证孔深；最后再横向精镗平内孔的底平面。

3. 镗削台阶孔的方法

（1）镗削直径较小的台阶孔时，由于观察困难，尺寸精度不易控制，所以常采用先粗、精镗小孔，再粗、精镗大孔的顺序进行加工。

（2）镗削直径较大的台阶孔时，在便于测量小孔尺寸且视线不受影响的情况下，一般先粗镗大孔和小孔，再精镗大孔和小孔。

（3）镗削大、小孔孔径相差较小的台阶孔时，可直接用主偏角等于90°的盲孔镗刀进行镗削。

（4）镗削大、小孔孔径相差较大的台阶孔时，最好先用主偏角略小于90°的镗刀进行粗镗，然后用主偏角等于90°的盲孔镗刀精镗至要求。如果直接用主偏角等于90°的盲孔镗刀镗削，因背吃刀量过大而易损坏刀尖。

4.盲孔(平底孔)和台阶孔孔深的控制

控制孔的深度是镗削盲孔和台阶孔的关键技术之一。

(1)粗镗时,常采用下列方法控制孔深(图4-17)。

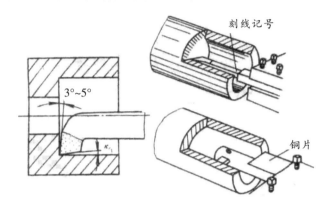

图4-17 镗削盲孔的深度控制方法

①在刀杆上刻线法。

②安放限位片法。

③用纵向固定挡铁和定程块(与车削外圆台阶相似)控制孔深。

④用床鞍上的纵向进给刻度盘和小刀架的纵向刻度盘(与车削外圆台阶相似)控制孔深。

(2)精车时,常采用试切法。

①利用深度千分尺和小滑板刻度盘控制试切。

②利用深度游标卡尺和小滑板刻度盘控制试切。

③利用普通百分表和小滑板刻度盘控制试切。

(二)盲孔和台阶孔的检测

1.孔径的测量

盲孔和台阶孔的检测方法与通孔孔径的测量方法相同。

2.孔深的测量

(1)对于精度要求较低的孔,可使用钢直尺、一般游标卡尺和极限样板进行测量。

(2)对于精度要求一般的孔,可使用深度游标卡尺进行测量。

(3)对于精度要求较高的孔,可使用深度千分尺进行测量,测量方法。

3.孔的形状误差的检测

在车床上车削的圆柱孔,一般只检测圆度误差和圆柱度误差。

（1）圆度误差的检测孔的圆度误差可用内径百分表进行检测。测量前,应先用环规或千分尺将内径百分表校准到零位。测量时,将测量头放入孔内,在垂直于孔轴线的某一断面内的各个方向上测量,测量的最大值与最小值之差的一半即是该断面的圆度误差。

（2）圆柱度误差的检测孔的圆柱度误差也可用内径百分表进行检测。测量时,在孔全长的前、中、后各位置测量若干个断面,比较各个断面的测量结果,所有读数中最大值与最小值之差的一半,即是孔全长的圆柱度误差。

（三）看实习图确定加工步骤（图4-15）

1.加工步骤一

（1）夹住外圆校正夹紧。

（2）车端面（车平即可）。

（3）粗、精车小孔至尺寸要求。

（4）粗车、半精车大孔。

（5）保证孔深。

（6）精车大孔至尺寸要求。

（7）倒角1×45°。

（8）检查,卸下工件。

2.加工步骤二

（1）装夹毛坯外圆,夹持长度40mm,找正夹紧。

（2）车端面。

（3）钻孔ϕ24mm×24mm。

（4）盲孔车刀,车内孔,控制孔尺寸ϕ28×25mm。

（5）粗、精车外圆ϕ59mm,长度65mm左右。

（6）掉头,垫铜皮,装夹工件外圆,夹持长度约40mm,找正夹紧。

（7）钻孔ϕ24mm×41mm。

（8）粗、精车外圆ϕ59mm,接刀。

（9）盲孔车刀,粗、精车内孔ϕ27mm×40mm。

（10）粗、精车内孔ϕ38mm×18mm。

（11）检查,卸下工件。

（四）注意事项

（1）加工过程中注意中滑板退刀方向与车外圆时相反。

（2）用内径表测量前,应首先检查内径表指针是否复零,再检查测量头有无松动、指针转动是否灵活。

（3）用内径表测量前,应先用卡尺测量,当余量为0.3~0.5mm时才能用内径表测量,否则易损坏内径表。

（4）孔的内端面要平直,孔壁与内端面相交处要清角,防止出现凹坑和小台阶。

（5）精镗内孔时,应保持车刀锋利。

（6）镗小盲孔时,应注意排屑,否则由于铁屑阻塞,会造成镗刀损坏或扎刀,把孔车废。

（7）根据余量大小合理分配切削深度,力争快准。

七、评价方案

镗孔任务评价见表4-10。

表4-10　镗孔任务评价表

评价内容	评价依据	权重
知识	1.依据课堂提问回答情况 2.依据课时任务表完成情况	30%
技能	1.依据课内项目完成情况 2.依据课外项目完成情况	50%
态度（规范、仔细、对质量的追求、创造性等）	1.迟到早退1次各扣5分,旷课1次扣10分,累计3次及以上（包括迟到早退累计3次）,取消该门课程的成绩。 2.将手机、无关书籍、零食带进实训室1次扣5分 3.做和上课无关的事情各扣5分（聊天、睡觉、追逐打闹、不服从管理等） 4.迟交作业或不按项目要求完成作业1次扣5分	20%

项目五

车削圆锥

项目描述

车削圆锥是车工学习的一项重要内容。圆锥是许多零件上常见的结构,在机械装配中起到非常重要的作用,圆锥质量会影响零件的使用性能。该项目包含转动小滑板车圆锥体、移动尾座车圆锥体和车内锥三个任务模块。通过本项目的学习与实践,学会内外圆锥体的车削操作。

模块一　转动小滑板车圆锥体

一、模块描述

本模块是学生通过观察老师在车床上的加工过程的操作和观看PPT,经过老师的指导和反复练习,能够按考核表(表5-1)所列要求独立完成图5-1所示圆锥体的加工。

表5-1　圆锥体加工任务考核表

班级		小组		姓名		日期	
序号	考核内容		要求			分值	得分
1	外圆		$\phi20^{\ 0}_{-0.03}$mm、$\phi28$mm $\phi24^{\ 0}_{-0.05}$mm、$\phi20$mm $\phi16$mm			15	
2	长度		85mm、15mm、20mm、19mm			20	
3	圆锥		大径 $\phi24^{\ 0}_{-0.05}$mm 小径 $\phi20$mm Ra3.2 20mm			30	
4	沟槽		4mm×2mm			10	
5	倒角		C2(两处)			5	
6	文明安全操作		1.安全着装 2.正确开启、使用车床 3.文明有序实训 4.正确摆放工量刃具			20	
合计							

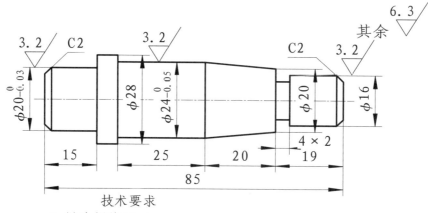

技术要求
1. 锐边倒钝C0.5。
2. 未注尺寸公差按IT12级加工。

图5-1 锥形轴(圆锥体)实习图

二、教学目标

(1)掌握转动小滑板车削圆锥体的方法。

(2)掌握使用量角器、卡尺和套规检查锥度的方法。

三、教学资源

(1)理实一体化教室。

(2)PPT多媒体教学课件(动画演示车床操作)。

(3)5~10台车床,ϕ30mm圆钢若干,外圆车刀、切刀、45°车刀若干,17~19mm开口呆扳手5把,150mm游标卡尺5把,万能角度尺等。

(4)每人一张任务考核表。

四、教学组织

(1)实操前指导分组,每组4人,由组长、安全员和质检员组成;上岗实操,4人一台车床,1人操作,另选择1人监督,并填写任务表和安全文明操作部分内容;完成后,轮换岗位。

(2)通过PPT多媒体教学课件,演示车床加工过程,展现课程任务,演示操作过程,使学生感性认识转动小滑板车圆锥体过程。

五、教学过程

1.任务呈现

引入课程,使学生了解圆锥的应用及加工方法。

2.任务分析

实物分析圆锥结构,确定加工方法。

3.教师演示操作

分析确定切削用量,实施车削任务。

4.学生独立操作

根据任务完成车削。教师巡视指导。

5.评价展示

对加工的圆锥体检测评价。

六、相关工艺知识

(一)圆锥

车较短的圆锥体时,可以用转动小滑板的方法。小滑板的转动角度也就是小滑板导轨与车床主轴轴线相交的一个角度,它的大小应等于所加工零件的圆锥半角值,小滑板的转动方向取决于工件在车床上的加工位置。

1.转动小滑板车圆锥体的特点

(1)能车圆锥角度较大的工件,可超出小滑板的刻度范围。

(2)能车出整个圆锥体和圆锥孔,操作简单。

(3)只能手动进给,劳动强度大,但不易保证表面质量。

(4)受行程限制只能加工锥面不长的工件。

2.小滑板转动角度的计算

根据被加工零件给定的已知条件,可应用下面公式计算圆锥半角。

$$\tan\left(\frac{\alpha}{2}\right)=\frac{C}{2}=\frac{D-d}{2L}$$

式中:$\alpha/2$——圆锥半角;

$\quad C$——锥度;

$\quad D$——最大圆锥直径;

$\quad d$——最小圆锥直径;

$\quad L$——最大圆锥直径与最小圆锥直径之间的轴向距离。

应用上面公式计算出$\alpha/2$,须查三角函数表得出角度,比较麻烦,因此如果$\alpha/2$较小在10°~30°之间,可用乘上一个常数的近似方法来计算,即$\alpha/2=$常数$\times(D-d)/L$。其常数可从表5-2中查出。

表5-2　圆锥半角计算常数

$(D{-}d)/L$ 或 C	常数	备注
0.10～0.20	28.5°	本表适用于 $\alpha/2$ 在 8°～13° 之间 6° 以下常值为28.7°
0.20～0.29	28.5°	
0.29～0.36	28.4°	
0.36～0.40	28.3°	
0.40～0.45	28.2°	

3.对刀方法(图5-2)

(1)车外锥时,利用端面中心对刀。

(2)车内锥时,可利用尾座顶尖对刀或者在孔端面上涂上显示剂,用刀尖在端面上划一条直线,卡盘旋转180°,再划一条直线。如果重合则车刀已对准中心,否则继续调整垫片厚度达到对准中心的目的。

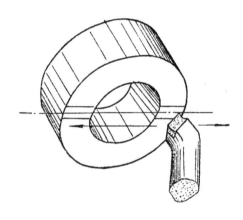

图5-2　车锥度的对刀方法

4.加工锥度的方法及步骤

(1)加工锥度的方法。

①百分表校验锥度法。尾座套筒伸出一定长度,涂上显示剂,在尾座套筒上取一定尺寸(一般应长于锥长)。百分表装在小滑板上,根据锥度要求计算出百分表在定尺上的伸缩量,然后紧固小滑板螺钉。此种方法一般不需试切削。

②空对刀法。利用锥比关系先把锥度调整好,再车削。此方法是先车外圆,在外圆上涂色,取一个合适的长度并划线,然后调小滑板锥度,紧固小滑板螺钉;摇动中滑板使车刀轻微接触外圆,并摇动小滑板使其从线的一端到另一端后,摇动中滑板前记住刻度盘刻度,并计算锥比关系。如果中滑板前进的刻度在计算值±0.1格,则小滑板锥度合格;如果中滑板前进的刻度大了,则说明锥度大了;如果中滑板前进的刻度小了,则说明锥度小。

内、外锥度的东削控制如图5-3所示。

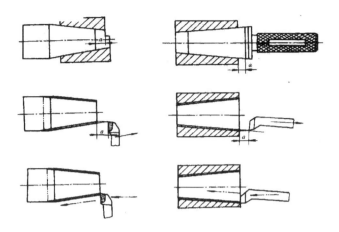

图5-3 内、外锥度的车削控制

（2）加工锥度的步骤。

①根据图纸得出角度,将小滑板转盘上的两个螺母松开,转动一个圆锥半角后固定两个螺母。

②分粗、精车,匀速转动小滑板手柄加工外圆锥到尺寸要求。

③检查。

5.检查方法

（1）用量角器测量（适用于精度不高的圆锥表面）。根据工件角度调整量角器的安装,量角器基尺与工件端面通过中心靠平,直尺与圆锥母线接触,利用透光法检查,人视线与检测线等高,在检测线后方衬一白纸以增加透视效果,若合格即为一条均匀的白色光线（图5-4）。当检测线从小端到大端逐渐增宽,即锥度小,反之则大,需要调整小滑板角度。

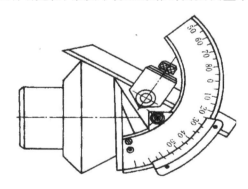

图5-4 用量角器测量锥度

（2）用套规检查（适用于较高精度锥面）。

①可通过感觉来判断套规与工件大小端直径的配合间隙，调整小滑板角度。

②在工件表面上顺着母线相隔120°而均匀地涂上三条显示剂。

③把套规套在工件上转动半圈之内。

④取下套规，检查工件锥面上显示剂情况。若显示剂在圆锥大端擦去，小端未擦去，表明圆锥半角小；否则圆锥半角大。根据显示剂擦去情况调整锥度。

6.车锥体尺寸的控制方法

（1）计算法。

$$a_p = a \times C/2$$

式中：a_p——切削深度；

a——锥体剩余长度；

C——锥度。

（2）移动床鞍法。根据量出长度a，使车刀轻轻接触工件小端表面，接着移动小滑板，使车刀离开工件平面一个a的距离，然后移动床鞍使车刀同工件平面接触，这时虽然没有移动中滑板，但车刀已切入一个需要的深度。

（二）看生产实习图（图5-1），确定实习件的加工步骤

1.任务分析

（1）分析图纸，确定加工工艺。

（2）为提高工件加工质量，选择合适的刀具和切削用量。

（3）在加工过程中，保证锥形轴类零件的尺寸。

（4）在加工中要注意生产安全。

2.任务完成

（1）装夹工件、安装车刀。

（2）车右端面。

（3）粗、精车各级外圆。

（4）车锥面。

（5）切槽4mm×2mm，倒角去毛刺。

（6）切断。

（7）掉头齐端面，保证总长。

（8）粗、精车φ20mm外圆。

（9）倒角去毛刺。

（10）工件检测、上油。

（三）容易产生的问题和注意事项

（1）车削前需要调整小滑板的镶条的松紧，如调的过紧，手动进给时费力，移动不均匀，会使车出的锥面粗糙度较大且工件母线不平直。

（2）车刀必须对准工件旋转中心，避免产生双曲线（母线不直）误差。

（3）车削圆锥体前对圆柱直径的要求，一般按圆锥体大端直径放余量1mm左右。

（4）应两手握小滑板手柄，均匀移动小滑板。

（5）车削时，进刀量不宜过大，应先找正锥度，以防车削报废。精车余量0.5mm。

（6）用量角器检查锥度时，测量边应通过工件中心。用套轨检查时，工件表面粗糙度要小，涂色要均匀，转动一般在半圈之内，多则易造成误判。

（7）转动小滑板时，应稍大于圆锥半角，然后逐步找正。调整时，只需把紧固的螺母稍松一些，用左手拇指紧贴小滑板转盘与中滑板底盘上，用铜棒轻轻敲小滑板所需找正的方向，凭手指的感觉决定微调量，这样可较快找正锥度。注意要消除中滑板间隙。

（8）当车刀在中途刃磨以后装夹时，必须重新调整，使刀尖严格对准中心。

（9）注意扳紧固螺钉时打滑伤手。

七、评价方案

转动小滑板车圆锥体评价见表5-3。

表5-3　转动小滑板车圆锥体评价表

评价内容	评价依据	权重
知识	1.依据课堂提问回答情况 2.依据课时任务表完成情况	30%
技能	1.依据课内项目完成情况 2.依据课外项目完成情况	50%
态度（规范、仔细、对质量的追求、创造性等）	1.迟到早退1次各扣5分，旷课1次扣10分，累计3次及以上（包括迟到早退累计3次），取消该门课程的成绩 2.将手机、无关书籍、零食带进实训室1次扣5分 3.做和上课无关的事情各扣5分（聊天、睡觉、追逐打闹、不服从管理等） 4.迟交作业或不按项目要求完成作业1次扣5分。	20%

模块二　偏移尾座车削圆锥体

一、模块描述

本模块是学生通过观察老师在车床上的加工过程的操作和观看PPT,经过老师的指导和反复练习,能够按考核表(表5-4)所列要求独立完成图5-5所示圆锥体的加工。

表5-4　圆锥加工任务考核表

班级		小组		姓名		日期	
序号	考核内容		要求			分值	得分
1	外圆		φ25mm两端			10	
2	外圆		φ(40±0.02)mm			5	
3	长度		330mm 40mm 两处			20	
4	圆锥1		φ38.10mm 锥度 4号莫氏 Ra1.6 102.7mm			15	
5	圆锥2		φ38.10mm 锥度 4号莫氏 Ra1.6 102.7mm			15	
6	倒角		C1(两处)			15	
7	文明安全操作		1.安全着装 2.正确开启、使用车床 3.文明有序实训 4.正确摆放工量刃具			20	
合计							

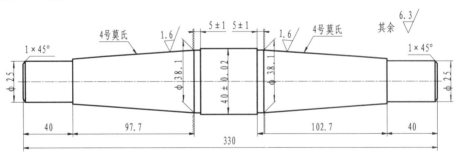

图5-5　偏移尾座车削圆锥体实习图

二、教学目标

(1)掌握用偏移尾座法加工圆锥体。

(2)能正确检测锥体质量。

三、教学资源

(1)理实一体化教室。

(2)PPT多媒体教学课件(动画演示车床操作加工过程)。

（3）5~10台车床，φ40mm圆钢若干，外圆车刀若干，10mm和8mm内六角扳手各5把，200mm游标卡尺5把，5把万能角度尺等。

（4）每人一张任务考核表。

四、教学组织

（1）实操前指导分组，每组4人，由组长、安全员和质检员组成；上岗实操，4人一台车床，1人操作，另选择1人监督，并填写任务表和安全文明操作部分内容；完成后，轮换岗位。

（2）通过PPT多媒体教学课件，演示车床加工过程，展现课程任务，演示操作过程，使学生感性认识移动尾座法车削圆锥过程。

五、教学过程

1.任务呈现

引入课程，使学生了解移动尾座法车圆锥的原理和操作方法。

2.任务分析

分析车削，确定车削工艺。

3.教师演示操作

分析确定操作方法，实施加工任务。

4.学生独立操作

根据任务完成车削。教师巡视指导。

5.评价展示

对车好的圆锥体进行检测评价。

六、相关工艺知识

（一）移动尾座法

车锥度小、锥形部分较长的圆锥面时，可用偏移尾座的方法（图5-6）。将尾座上滑板横向偏移一个距离S，是偏位后两顶尖连线与车床轴线相交一个α/2角度，尾座偏移方向取决于圆锥工件大小头在两顶尖间的加工位置。尾座偏移量与工件总长有关。

1.偏移尾座车削圆锥体的特点

（1）适宜于加工锥度较小精度不高，锥体较长的工件。

（2）可以纵向机动进给车削，因此工件表面质量较好。

（3）不能车削圆锥孔及整锥体。

（4）易造成顶尖和中心孔的不均匀磨损。

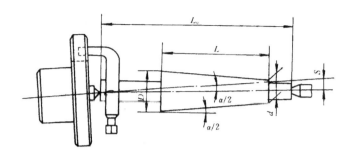

图5-6 偏移尾座车削圆锥体

2.尾座偏移量的计算

$$S=\frac{D-d}{2L}L_0=\frac{C}{2}L_0$$

式中:S——尾座偏移量,mm;

D——最大圆锥直径,mm;

d——最小圆锥直径,mm;

L——工件圆锥部分总长,mm;

L_0——工件部长,mm;

C——锥度。

3.偏移尾座车削圆锥体的方法

(1)应用尾座下层的刻度。偏移时,松开尾座紧固螺钉,用内六角扳手转动尾座上层两侧的螺钉使其偏移S,然后拧紧尾座紧固螺母。

(2)应用中滑板的刻度。在刀架上夹一铜棒,摇动中滑板使铜棒和尾座套筒接触,记下刻度。根据S的大小算出中滑板应转过几格,接着按刻度使铜棒退出,然后偏移尾座的上层,使套筒与铜棒轻微接触为止。

(3)应用百分表法。把百分表固定在刀架上,使百分表与尾座套筒接触,找正百分表零位,然后偏移尾座。当百分表指针转动一个S时,把尾座固定(图5-7)。

4.工件装夹

(1)把两顶尖的距离调整到工件总长中,尾座套筒在尾座内伸出量一般小于套筒总长度的1/2。

(2)两个中心孔内须加润滑油脂(黄油)。

(3)工件在两顶尖间的松紧程度,以手不用力能拨动工件(只要没有轴向窜动)为宜。

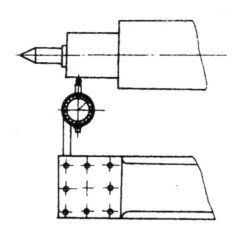

图5-7　应用百分表调整偏移量

5.模式套规检查锥体

(1)在工件上涂色应薄而均匀,套规转动在半圈以内,根据与工件的摩擦痕迹来确定锥度是否合格。要求接触面达到60%以上。

(2)根据套规的公差界限中心与被测工件端面的距离来计算切削深度。

(二)看实习图(图5-5)并确定实习件的加工步骤

(1)用两顶尖装夹工件,车ϕ25mm×40mm,倒角1×45°。

(2)根据偏移量偏移尾坐,并紧固尾座。

(3)粗、精车圆锥体至图样要求。

(4)掉头车另一端锥体(尾座重新调整)。

(三)容易产生的问题和注意事项

(1)车刀应对准工件中心,以防母线不直。

(2)粗车时进刀不宜过深,应先找正锥度,以防工件车削报废。

(3)随时注意两顶尖间的松紧和前顶尖的磨损情况,以防工件飞出伤人。

(4)如果工件数量较多时,其长度及中心孔的深浅、大小必须一致。

(5)精加工锥面时,2_p和f都不能太大,否则影响锥面加工质量。

七、评价方案

偏移尾座车削圆锥体评价见表5-5。

表5-5　偏移尾座车削圆锥体评价表

评价内容	评价依据	权重
知识	1.依据课堂提问回答情况 2.依据课时任务表完成情况	30%
技能	1.依据课内项目完成情况 2.依据课外项目完成情况	50%
态度（规范、仔细、对质量的追求、创造性等）	1.迟到早退1次各扣5分，旷课1次扣10分，累计3次及以上（包括迟到早退累计3次），取消该门课程的成绩 2.将手机、无关书籍、零食带进实训室1次扣5分 3.做和上课无关的事情各扣5分（聊天、睡觉、追逐打闹、不服从管理等） 4.迟交作业或不按项目要求完成作业1次扣5分	20%

模块三　车内圆锥

一、模块描述

本模块是学生通过观察老师在车床上的加工过程的操作和观看PPT，经过老师的指导和反复练习，能够按考核表（表5-6）所列要求独立完成图5-8所示内圆锥的加工。

表5-6　内圆锥加工任务考核表

班级		小组		姓名		日期	
序号	考核内容		要求			分值	得分
1	外圆		$\phi(56\pm0.03)$mm 两端			10	
2	孔径		$\phi20$mm			5	
3	长度		$\phi(80\pm0.08)$mm 30mm			10	
4	内锥1		最大圆锥直径 $\phi(56\pm0.03)$mm 锥度1:20 Ra3.2 （30±0.08）mm			20	
5	内锥2		最小圆锥直径 $\phi32^{+0.06}_{0}$mm 圆锥角30° Ra3.2 8mm			20	
6	倒角		C1（两处）			5	
7	其他表面粗糙度		Ra3.2			10	
8	文明安全操作		1.安全着装 2.正确开启、使用车床 3.文明有序操作 4.正确摆放工量刃具			20	
合计							

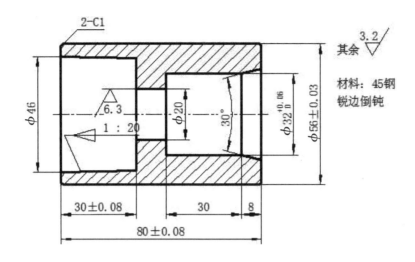

图5-8　车内圆锥实习图

二、教学目标

(1)掌握转动小滑板车圆锥孔的方法。

(2)掌握反装刀法和主轴反转法车圆锥孔。

(3)合理选择切削用量。

三、教学资源

(1)理实一体化教室。

(2)PPT多媒体教学课件(动画演示车床操作和刀具刃磨操作)。

(3)5台车床,90°外圆车刀和45°弯头车刀若干,ϕ20mm的麻花钻,ϕ42mm的扩孔钻,盲孔车刀若干,宽刃锥孔车刀5~10把,游标卡尺、内径千分尺、外径千分尺和锥度塞规等。

(4)每人一张任务考核表。

四、教学组织

(1)实操前指导分组,每组4人,由组长、安全员和质检员组成;上岗实操,4人一台车床,1人操作,另选择1人监督,并填写任务表和安全文明操作部分内容;完成后,轮换岗位。

(2)通过PPT多媒体教学课件,演示车床加工过程,展现课程任务,演示操作过程,使学生感性认识内锥加工过程。

五、教学过程

1.任务呈现

引入课程,使学生了解内圆锥的结构和用途。

2.任务分析

实物分析内圆锥的特点,确定加工方法。

3.教师演示操作

分析确定内圆锥的车削方法,实施加工任务。

4.学生独立操作

根据任务完成工件加工。教师巡视指导。

5.评价展示

对加工的工件进行检测评价。

六、相关工艺知识

(一)内锥

车圆锥孔比圆锥体困难,因为车削工作在孔内进行,不易观察,所以要特别小心。为了便于测量,装夹工件时应使锥孔大端直径的位置在外端。

1.转动小滑板车圆锥孔

(1)先用直径小于锥孔小端直径1~2mm的钻头钻孔(或车孔)。

(2)调整小滑板镶条松紧及行程距离。

(3)用钢直尺测量的方法装夹车刀。

(4)转动小滑板角度的方法与车外圆锥相同,但方向相反。应顺时针转过圆锥半角,进行车削。当锥形塞规能塞进孔约1/2长时用涂色法检查,并找正锥度。

2.反装刀法和主轴反转法车圆锥孔(图5-9)

(1)先把外锥车好。

(2)不要变动小滑板角度,反装车刀或用左镗孔刀进行车削。

(3)用左镗孔刀进行车削时,车床主轴应反转。

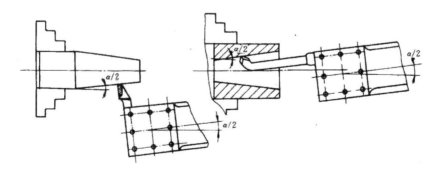

图5-9　车配套圆锥的方法

3.切削用量的选择

(1)切削速度比车外圆锥时低10%~20%。

(2)手动进给量要始终保持均匀,不能有停顿与快慢现象。最后一刀的切削深度一般硬质合金取0.3mm,高速钢取0.05~0.1mm,并加切削液。

4.宽刃锥孔车刀法(图5-10)

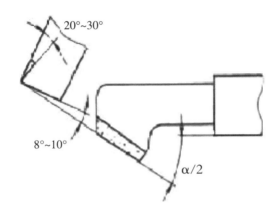

图5-10　宽刃锥孔车刀法

(1)先用车孔刀粗车内圆锥面,留精车余量。

(2)换宽刃锥孔车刀精车,将切削刃伸入孔内(长度应大于圆锥长度),横向(或纵向)进给,低速车削。

(3)使用切削液润滑可使车削出的内锥面的表面粗糙度值达到Ra 1. 6。

5.圆锥孔的检查

(1)用卡尺测量锥孔直径。

(2)用塞规涂色检查,并控制尺寸。

(3)根据塞规在孔外的长度计算车削余量,并用中滑板刻度进刀。

(二)看零件图进行分析和加工练习

1.根据图样(图5-8)进行分析

(1)图中锥度套由一段锥度为1:20、长为30mm的圆锥孔,一段直径为ϕ20mm的圆柱孔,一段直径为ϕ32mm的圆柱孔和一段圆锥角为30°、长为8mm的圆锥孔组成。

(2)长为30 mm的圆锥孔拟采用转动小滑板法进行加工;长为8mm的圆锥孔拟使用宽刃锥孔车刀进行加工。

(3)通孔直径为ϕ20mm,表面粗糙度值为Ra6.3 ,尺寸为自由公差,拟直接钻出。其他表面粗糙度值为Ra3.2,采用粗、精车的方法加工。

该工件的加工示意图如图5-11所示。

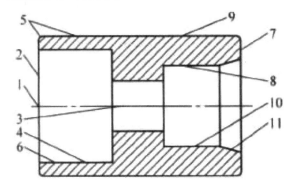

图5-11　加工示意图

2.加工步骤

(1)用三爪自定心卡盘夹持毛坯外圆,伸出50mm左右,找正夹紧。

(2)车削左端面。

(3)钻ϕ20mm的通孔。

(4)扩孔ϕ42mm,长度30mm。

(5)粗、精车外圆ϕ56mm至要求,长度靠近卡盘,倒角C1。

(6)粗、精车锥度为1:20的内锥锥面至要求。

(7)掉头,垫铜皮装夹外圆,找正夹紧,车削右端面,保证总长80mm。

(8)扩孔ϕ30mm,长度30mm。

(9)粗、精车ϕ56mm外圆至要求,长度到外圆接线处,倒角C1。

(10)粗、精车ϕ32mm内孔至要求,长度30mm。

(11)粗、精车圆锥角为30°的内锥孔至要求。

(12)检查,卸下工件。

(三)容易产生的问题和注意事项

(1)车刀必须对准工件中心。

(2)粗车时不宜进刀过深,应先找正锥度(检查塞规与工件是否有间隙)。

(3)用塞规涂色检查时,必须注意孔内清洁,转动量在半圈之内。

(4)取出塞规时注意安全,不能敲击,以防工件移位。

(5)车削内外锥配合的工件时,注意最后一刀的计算要准确。

七、评价方案

内圆锥加工任务评价见表5-7。

表5-7　内圆锥加工任务评价表

评价内容	评价依据	权重
知识	1.依据课堂提问回答情况 2.依据课时任务表完成情况	30%
技能	1.依据课内项目完成情况 2.依据课外项目完成情况	50%
态度（规范、仔细、对质量的追求、创造性等）	1.迟到早退1次各扣5分，旷课1次扣10分，累计3次及以上（包括迟到早退累计3次），取消该门课程的成绩。 2.将手机、无关书籍、零食带进实训室1次扣5分 3.做和上课无关的事情各扣5分（聊天、睡觉、追逐打闹、不服从管理等） 4.迟交作业或不按项目要求完成作业1次扣5分	20%

项目六

车成形面和表面修饰

项目描述

成形面是车床加工中的一项重要工作内容,成形面是零件上常见的结构,在机械零件上的应用非常广泛。该项目包含车成形面和滚花两个任务模块。通过本项目的学习与实践,学会成形面的车削和滚花操作。

模块一 车成形面

一、模块描述

本模块是学生通过观察老师在车床上的加工过程的操作和观看PPT,经过老师的指导和反复练习,能够按考核表(表6-1)所列要求独立完成图6-1所示成形面(手柄的表面)的加工任务。

表6-1 学生车成形面加工任务考核表

班级		小组		姓名		日期	
序号	考核内容		要求			分值	得分
1	长 度		20mm 5mm 96mm			15	
2	直 径		$\phi10^{+0.035}_{+0.002}$ mm $\phi16$mm			10	
3	手柄		$\phi12$mm $\phi24$mm $R40$mm $R48$mm $R6$mm			40	
4	倒角		C0.5			5	
5	粗糙度		Ra3.2 Ra6.3			10	
6	文明安全操作		1.安全着装 2.正确开启、使用车床 3.文明有序实训 4.正确摆放工量刃具			20	
合计							

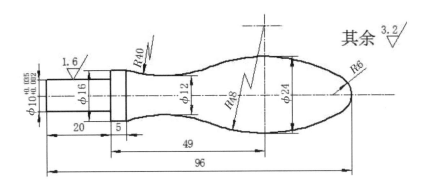

图6-1 手柄零件图

二、教学目标

(1)掌握手柄车削的步骤和方法。

(2)按图样要求用样板进行测量。

(3)掌握简单的表面修光方法。

三、教学资源

(1)理实一体化教室。

(2)PPT多媒体教学课件(动画演示车床操作和刀具刃磨操作)。

(3)5台车床,游标卡尺、外径千分尺、游标深度尺、半径样板各五套,中心钻及钻夹头五套,外圆车刀、车槽刀、小圆头车刀、回转顶尖、垫刀板和铜皮、卡盘扳手及压刀扳手各五套,45号钢、尺寸为ϕ30mm×120mm圆钢若干等。

(4)每人一张任务考核表。

四、教学组织

(1)实操前指导分组,每组4人,由组长、安全员和质检员组成;上岗实操,4人一台车床,1人操作,另选择1人监督,并填写任务表和安全文明操作部分内容;完成后,轮换岗位。

(2)通过PPT多媒体教学课件,演示车床加工和刀具刃磨操作过程,展现课程任务,演示操作过程,使学生感性认识车削和刀具磨削过程。

五、教学过程

1.任务呈现

引入课程,使学生了解成形面的特点及其用途。

2.任务分析

实物分析成形面结构特点,确定加工方法。

3.教师演示操作

分析确定工件的加工方法,实施加工任务。

4.学生独立操作

根据任务完成工件加工。教师巡视指导。

5.评价展示

对完成的工件进行检测评价。

六、相关工艺知识

(一)成形面

在机器中,有些零件表面的轴向剖面呈曲线型,如手柄、圆球等,具有这些特征的表面称作成形面。

1.成型面零件的加工方法

(1)用样板刀车成形面。

(2)用仿形法车成形面。

(3)双手控制法车成形面。

2.车单球手柄的方法

(1)圆球部分的长度L计算。

$$L=1/2(D+\sqrt{D^2-d^2})$$

式中:L——圆球部分的长度,mm;

D——圆球的直径,mm;

d——柄部直径,mm。

(2)车球时,纵、横向进给车刀的移动如图6-2(b)所示。当车刀从a点出发,经过b点至c点,纵向进给的速度是快—中—慢,横向进给的速度是慢—中—快。即纵向进给是减速度,横向进给是加速度。

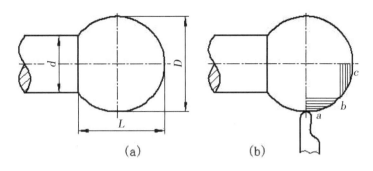

图6-2　球面车削

3.球面的测量和检查

为了保证球面的外形正确,通常采用样板、套环、千分尺进行检查。用样板检查时应对准工件中心,并观察样板与工件之间的间隙大小修整球面;用套环检查时,可观察其间隙透光情况进行修整;用千分尺检查球面时,应通过工件中心,并多次变换测量方向,使其测量精度在图样要求范围之内。

4.表面修光

经过精车以后的工件表面,如果还不够光洁,可以用锉刀、砂布进行修整抛光。

(二)看实习图(图6-1)并确定实习件的加工步骤

1.开车前准备工作

(1)检查车床运转情况是否正常,将工具合理摆放。

(2)检查服装(佩戴)是否符合安全文明生产的要求。

(3)低速运转车床,检查备料尺寸,加油润滑车床,编排加工工艺。

2.车平面和外圆,钻中心孔

(1)夹住外圆,车平面和外圆ϕ28mm×10mm。车平面时,尽可能把所有刀具在工件平面上对准工件旋转中心备用,且工件平面不能留有凸台。

(2)钻中心孔。钻中心孔时,宜选择较高的转速,较小的进给量,并注意中心孔不能太深或太浅;为保证中心孔与工件平面垂直,应确保平面、中心孔一次装夹加工完成。

3.车阶台

(1)工件伸出长约100mm,用一夹一顶方法装夹,粗、精车外圆ϕ24mm×100mm、ϕ16mm×45mm、ϕ10mm×20mm[图6-3(a)]。

(2)从ϕ16mm外圆的平面起,长17.51mm为中心线,用小圆头车刀车ϕ12.5mm的定位槽

[图6-3（b）]。

特别提示：注意控制各外圆的直径和长度，各外圆留精车余量。

4.车各圆弧

（1）从φ16mm外圆的平面起，长度大于5mm开始切削，向12.5mm定位槽处移动车R40mm圆弧面[图6-3（c）]。

（2）从φ161mm外圆的平面起，长49mm处为中心线，在φ24mm外圆上向左、右方向车R48mm圆弧面[图6-3（d）]。

（3）精车φ10、长20mm至尺寸要求，并包括φ16mm外圆。

（4）松开顶尖，用圆头车刀车R6mm[图6-3（e）]，并切下工件，长度大于96mm。

特别提示：使用双手控制法车圆弧时，要动作协调，应注意纵、横进给速度的控制，纵进刀速度变化是快—中—慢，横进刀速度变化是慢—中—快；粗车球面时应注意用目测方法来判别球面表面轮廓，最好用目测和量具配合检查，精车时用游标卡尺、千分尺和半径样板配合进行多方位测量。

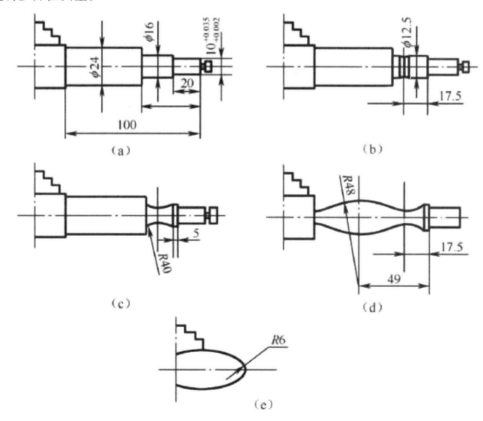

图6-3　车削手柄加工主要步骤示意图

5.修整球面

掉头垫铜皮,夹住ϕ24mm外圆找正,用小圆头车刀或锉刀修整R6mm圆弧面,并用半径样板检查。

特别提示:找正时应准确、细心,否则容易造成球面轮廓度超差;用小圆头车刀修整球面时,应注意勤测量,进刀要小,否则易使工件松动。

(三)注意事项

(1)要求培养学生目测能力和协调双手控制进给的技能。

(2)用纱布抛光要注意安全。

(3)示范演示,使学生看清每一步具体操作过程,进一步激发学生的积极性。

七、评价方案

车成形面加工任务评价见表6-2。

表6-2 车成形面加工任务评价表

评价内容	评价依据	权重
知识	1.依据课堂提问回答情况 2.依据课时任务表完成情况	30%
技能	1.依据课内项目完成情况 2.依据课外项目完成情况	50%
态度(规范、仔细、对质量的追求、创造性等)	1.迟到早退1次各扣5分,旷课1次扣10分,累计3次及以上(包括迟到早退累计3次),取消该门课程的成绩 2.将手机、无关书籍、零食带进实训室1次扣5分 3.做和上课无关的事情各扣5分(聊天、睡觉、追逐打闹、不服从管理等) 4.迟交作业或不按项目要求完成作业1次扣5分	20%

模块二 滚花

一、模块描述

本模块是学生通过观察老师在车床上的加工过程的操作和观看PPT,经过老师的指导和反复练习,能够按考核表(表6-3)所列要求独立完成图6-4所示滚花工件的加工。

表6-3　滚花加工任务考核表

班级		小组		姓名		日期	
序号	考核内容		要求			分值	得分
1	抛光外圆		$\phi 42^{\ 0}_{-0.04}$ mm 表面粗糙度 Ra0.8			20	
2	沟槽		5mm × 2mm 两处			10	
3	长度		25mm 35mm 100mm			10	
4	滚花		直纹 $m=0.3$ 网纹 $m=0.4$			30	
5	倒角		C1 六处			5	
6	其他表面粗糙度		Ra3.2			5	
7	文明安全操作		1.安全着装 2.正确开启、使用车床 3.文明有序实训 4.正确摆放工量刃具			20	
	合计						

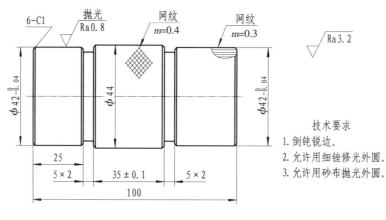

图6-4　滚花实习图

二、教学目标

(1)了解滚花和修光加工的特点。

(2)掌握滚网纹的方法。

(3)掌握抛光(用锉刀修光和用砂布修光)的方法。

三、教学资源

(1)理实一体化教室。

(2)PPT多媒体教学课件(动画演示车床操作和刀具刃磨操作)。

(3)45°、90°车刀、切槽刀若干,网纹滚花刀、直纹滚花刀、锉刀和砂布,游标卡尺、千分尺各5套,铜皮等。

（4）每人一张任务考核表。

四、教学组织

（1）实操前指导分组，每组4人，由组长、安全员和质检员组成；上岗实操，4人一台车床，1人操作，另选择1人监督，并填写任务表和安全文明操作部分内容；完成后，轮换岗位。

（2）通过PPT多媒体教学课件，演示车床滚花和抛光过程，展现课程任务，演示操作过程，使学生感性认识滚花和抛光过程。

五、教学过程

1.任务呈现

引入课程，使学生了解工件的结构。

2.任务分析

实物分析工件结构特点，确定加工方法。

3.教师演示操作

分析确定工件的加工过程，实施加工任务。

4.学生独立操作

根据任务完成工件加工。教师巡视指导。

5.评价展示

对完成的工件进行检测评价。

六、相关工艺知识

(一)滚花和抛光

1.花纹

花纹是在零件表面上滚压出来的，方便使用或增加美观的纹路。

（1）根据纹路分类可分为直纹、斜纹和网纹三种，如图6-5所示。

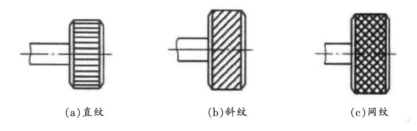

(a)直纹　　　　　(b)斜纹　　　　　(c)网纹

图6-6　滚花刀花纹类型

（2）根据粗细分类可分为粗纹、中纹和细纹。一般粗细用模数m来区分，模数越大，花纹越粗。

花纹的形状如图6-7所示，其各部分尺寸见表6-4。

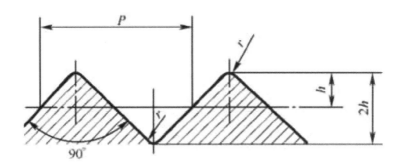

图6-7　花纹的形状

表6-4　滚花花纹各部分的尺寸

模数 m	h	r	齿距 P
0.2	0.132	0.06	0.628
0.3	0.198	0.09	0.942
0.4	0.264	0.12	1.257
0.5	0.326	0.16	1.571

2.滚花

在车床上，用滚花刀在某些零件表面滚压出各种不同花纹的加工过程称为滚花。

（1）滚花刀的结构特点及选择。在车床上滚花时使用的刀具称为滚花刀。滚花刀一般有单轮、双轮和六轮三种(图6-8)。

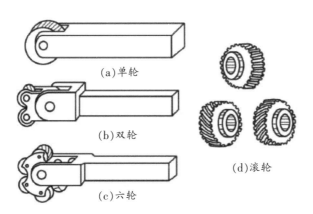

图6-8　滚花刀

①单轮滚花刀。如图6-8(a)所示,由一个滚轮和刀柄组成,用来滚直纹与斜纹。

②双轮滚花刀。如图6-8(b)所示,由两只旋向不同的滚轮、浮动连接头和刀柄组成,用来滚网纹。

③六轮滚花刀。如图6-8(c)所示,由三对不同模数的滚轮,通过浮动连接头与刀柄组成,可以根据需要滚出三种不同模数的网纹。

滚花刀的种类主要根据花纹的种类和花纹的模数m来选择。滚花花纹的粗细应根据工件滚花表面的直径大小选择,直径大的选用大模数的花纹;直径小则选用小模数的花纹。

(2)滚花刀的安装。

①滚花刀安装在车床的刀架上,滚花刀刀杆的中心必须与工件的回转中心等高。

②滚压非铁金属或对滚花表面要求较高的工件时,滚花刀滚轮的轴线应与工件的轴线平行,如图6-9(a)所示。

③滚压碳素钢或对滚花表面要求一般的工件时,可使滚花刀尾部与工件表面有一个很小的夹角[图6-9(b)],以便于切入工件表面且不易产生乱纹。

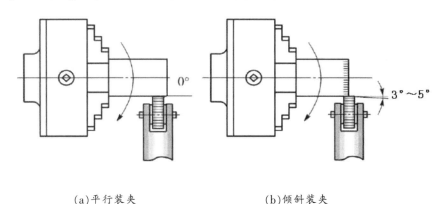

(a)平行装夹　　　　　　　　　(b)倾斜装夹

图6-9　滚花刀的安装

3.滚花前工件直径的确定

由于滚花过程是利用滚花刀的滚轮来滚压工件表面的金属层,使其产生一定的塑性变形而形成花纹。随着花纹的形成,滚花后工件的直径会增大。因此,在滚花前应将滚花表面的直径相应地车小些。一般根据工件材料的性质和花纹模数的大小,将工件滚花部位的外圆直径车小0.8~1.6m(m为模数)。

4.滚花的操作要点

(1)滚花刀接触到工件表面,就开始滚动。滚压开始时,挤压力要大一些,使工件的圆周面上一开始就形成较深的花纹,这样就不易产生乱纹。

（2）为了减小滚花开始时的径向压力，可以使滚轮表面以其宽度的1/3~1/2与工件接触，使滚花刀容易切入工件表面，如图6-10所示。停车检查，确定花纹符合要求后，即可纵向自动进给反复滚压1~3次，直至花纹凸出达到要求为止。

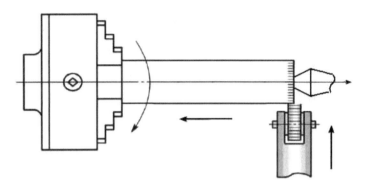

图6-10　滚花刀横向进给位置

（3）滚花时，应选用低的切削速度，一般为5~10m/min；选用较大的纵向进给量，一般为5~10mm/r。

（4）滚花时，加注充分的切削液以润滑滚轮和防止滚轮发热损坏，并经常清除滚轮上的切屑。

（5）滚压时，径向力很大，要求所用设备刚性高，工件安装牢靠。由于滚花时工件移位的现象难以完全避免，所以在车削带有滚花表面的工件时，滚花应安排在粗车之后、精车之前进行。

5.滚花时的注意事项

（1）在滚压过程中，不能用手或棉纱接触滚压表面，以防发生绞手伤人事故；清除切屑时应避免使毛刷接触工件与滚轮的咬合处，以防毛刷被卷入。

（2）滚压细长工件时，应防止工件弯曲；滚压薄壁工件时，应防止工件变形。

（3）滚压时，如果压力过大，进给量太小，往往会滚出台阶形深坑。

（4）滚压直纹时，滚花刀的齿纹必须与工件轴线平行，否则滚压后的花纹会不直。

6.锉刀修光

（1）锉刀修光。常用的锉刀为细齿纹的平锉（又称扁锉）和整形锉或特细齿纹的油光锉、修光的锉削余量一般为0.01~0.03mm。

（2）握锉刀的方法。在车床上用锉刀修光时，为保证安全，最好用左手握柄，右手扶住锉刀前端进行锉削，如图6-11所示。

图6-11 锉刀的握法

（3）锉刀修光的操作要点。

①推锉刀的力量和压力要均匀，不可用力过大或过猛，以免把工件表面锉出沟纹或锉成节状、锉扁。

②推锉刀的速度要缓慢（一般为40次/min左右），并尽量利用锉刀的有效长度。

③锉削修光时，应合理选择锉削速度。锉削速度不宜过高，否则容易造成锉齿磨钝；锉削速度也不宜过低，否则容易把工件锉扁。

④精细修光时，除选用油光锉外，还可在锉刀的锉齿面上涂一层粉笔末，并经常用钢丝刷清理齿缝，以防铁屑嵌入齿缝划伤工件表面。

7.砂布抛光

用砂布或砂纸磨光工件表面的过程称为抛光。工件表面经过精车或锉刀修光后，如果表面粗糙度还不够小，可用砂布抛光的方法。

（1）砂布的种类及选择。在车床上抛光用的砂布，常用细粒度为0号或1号砂布。砂布越细，抛光后的表面粗糙度值越小。

（2）抛光外表面的方法。

①把砂布垫在锉刀下面进行抛光。

②用双手直接捏住砂布两端，右手在前、左手在后，如图6-12所示。抛光时，双手用力不可过大，防止砂布因摩擦过度而被拉断。

③把砂布夹在抛光夹的圆弧槽内，套在工件上进行抛光，如图6-13所示。

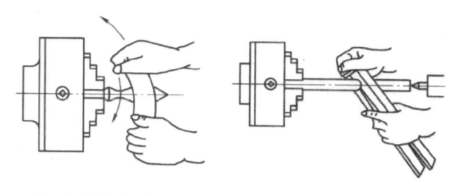

图6-12　手捏住砂布抛光　　　　　　　图6-13　用抛光夹抛光

（3）抛光内表面的方法。用砂布抛光内表面时,可借助一根比内孔孔径小的抛光棒。在抛光棒一端开槽,如图6-14所示。将砂布撕成条状,一端插在抛光棒槽内,按顺时针方向将砂布缠紧在抛光棒上,然后伸入内孔里抛光,如图6-15所示。

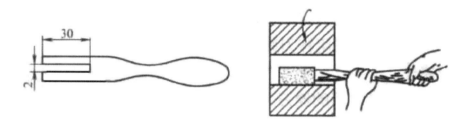

图6-14　抛光棒　　　　　　　　　　图6-15　用抛光棒抛光内孔

（4）抛光的操作要点。

①用砂布抛光工件时,工件转速应取得高些,并使砂布在工件表面来回缓慢而均匀地移动。

②最后精抛时,可在细砂布上加少量全损耗系统用油或金刚砂粉,这样会获得更小的表面粗糙度值。

③抛光内孔时,若内孔孔径较大,除用抛光棒外,还可以用手捏住砂布进行抛光;但在抛光小孔时,必须使用抛光棒,严禁将砂布缠绕在手指上伸入孔内抛光,以免发生事故。

（二）看生产实习图（图6-4）并确定加工步骤

1.根据图样进行分析

(1)图6-4所示为滚花抛光零件,由一段直纹面、一段网纹面和一段抛光面组成。

(2)抛光外圆的表面粗糙度值为Ra0.8,其他表面面粗糙度值为Ra3.2。

2.加工步骤

(1)用三爪自定心卡盘夹持毛坯外圆,伸出70mm以上,找正并夹紧。

（2）车削左端面。

（3）粗、精车ϕ44mm的外圆至43.6mm，长度稍大于70mm。

（4）粗车ϕ42mm的外圆至42.5mm，长度至30mm。

（5）车削外沟槽5mm×2mm，两处。

（6）倒角C1，四处。

（7）滚网纹m=0.4mm至要求。

（8）精车ϕ42mm外圆至要求，长度至30mm，倒角C1两处。

（9）抛光ϕ42mm外圆至要求。

（10）掉头，用三爪自定心卡盘夹持已加工的ϕ44网纹表面（垫铜皮），找正夹紧，车右端面，保证总长100mm的要求。

（11）粗、精车ϕ42mm外圆至ϕ41.7mm，长度至35mm，倒角C1（两处）。

（12）滚直纹m=0.3mm至要求。

（13）检查，卸料。

(三)容易产生的问题和注意事项

（1）滚花时产生乱纹的原因。

①滚花开始时，滚花刀与工件接触面积太大，使单位面积压力变小，易形成花纹微浅，出现乱纹。

②滚花刀转动不灵活，或滚刀槽中有细屑阻塞，有碍滚花刀压入工件。

③转速太高，滚花刀与工件容易产生滑动。

④滚轮间隙太大，产生径向跳动与轴向窜动等。

（2）滚直花纹时，滚花刀的直纹必须与工件轴心线平行，否则挤压的花纹不直。

（3）在滚花过程中，不能用手和棉纱去接触工件滚花表面，以防危险。

（4）细长工件滚花时，要防止顶弯工件，薄壁工件要防止变形。

（5）压力过大，进给量过慢，压花表面往往会滚出台阶形凹坑。

七、评价方案

滚花操作评价见表6-5。

表6-5　滚花操作评价表

评价内容	评价依据	权重
知识	1.依据课堂提问回答情况 2.依据课时任务表完成情况	30%
技能	1.依据课内项目完成情况 2.依据课外项目完成情况	50%
态度（规范、仔细、对质量的追求、创造性等）	1.迟到早退1次各扣5分，旷课1次扣10分，累计3次及以上（包括迟到早退累计3次），取消该门课程的成绩 2.将手机、无关书籍、零食带进实训室1次扣5分 3.做和上课无关的事情各扣5分（聊天、睡觉、追逐打闹、不服从管理等） 4.迟交作业或不按项目要求完成作业1次扣5分	20%

车内外三角螺纹

项目描述

螺纹是机械结构中的常见内容,是车床加工中的一项重要工作内容。螺纹加工的质量决定了零件的使用性能和机械构件的工作性能。该项目包含螺纹车刀的刃磨、外螺纹的车削、内螺纹的车削和高速车削三角形外螺纹等四个任务模块。通过本项目的学习实践,学会三角形螺纹的车削加工技术。

模块一　内外三角螺纹车刀的刃磨

一、模块描述

本模块是学生通过观察老师在车床上的加工过程的操作和观看PPT,经过老师的指导和反复练习,能够按考核表(表7–1)所列要求独立完成内外三角形螺纹车刀的刃磨。

表7–1　三角螺纹刀具刃磨任务考核表

班级		小组		姓名		日期	
序号	考核内容		要求			分值	得分
1	车刀两侧刃		平直、锋利			20	
2	刀尖		圆弧倒角			10	
2	刀尖角		等于牙型角α=60°			10	
3	前角		粗车 $\gamma_0=10°\sim15°$ 精车 $\gamma_0=0°$			20	
4	后角		进给方向 $(3°\sim5°)+\phi$ 背离方向 $(3°\sim5°)-\phi$			20	
5	文明安全操作		1.安全着装 2.正确开启、使用砂轮机 3.正确刃磨车刀 4.正确摆放刀具			20	
			合计				

二、教学目标

（1）了解三角形螺纹车刀的几何形状和角度要求。

（2）掌握三角形螺纹车刀的刃磨方法和刃磨要求。

（3）掌握用样板检查、修正刀尖角的方法。

三、教学资源

（1）理实一体化教室。

（2）PPT多媒体教学课件（动画演示螺纹车刀的使用过程和刃磨操作）。

（3）4台砂轮机，60°外螺纹车刀若干，角度样板5个，游标卡尺5把。

（4）每人一张任务考核表。

四、教学组织

（1）实操前指导分组，每组4人，由组长、安全员和质检员组成；上岗实操，4人一台车床，1人操作，另选择1人监督，并填写任务表和安全文明操作部分内容；完成后，轮换岗位。

（2）通过PPT多媒体教学课件，演示车床加工和刀具刃磨操作过程，展现课程任务，演示操作过程，使学生感性认识车削和刀具磨削过程。

五、教学过程

1.任务呈现

引入课程，使学生了解螺纹车刀的使用情况和角度要求。

2.任务分析

实物分析车刀组成，确定磨削部分。

3.教师演示操作

分析确定车刀刃磨的部分，实施刃磨任务。

4.学生独立操作

根据任务完成刀具刃磨。教师巡视指导。

5.评价展示

对刃磨的车刀进行检测评价。

六、相关工艺知识

（一）三角形螺纹刀

要车好螺纹，必须正确刃磨螺纹车刀。螺纹车刀按加工性质属于成型刀具，其切削部分的形状应当和螺纹牙形的轴向剖面形状相符合，即车刀的刀尖角应该等于牙型角。

1.三角形螺纹车刀的几何角度

（1）刀尖角应该等于牙型角。车普通螺纹时为60°，英制螺纹为55°。

（2）前角一般为0°~10°。因为螺纹车刀的纵向前角对牙型角有很大影响，所以精车时或精度要求高的螺纹，径向前角取得小一些，为0°~5°。

（3）后角一般为5°~10°。因受螺纹升角的影响，进刀方向一面的后角应磨得稍大一些。但大直径、小螺距的三角形螺纹，这种影响可忽略不计。

2.三角形螺纹车刀的刃磨

（1）刃磨要求。

①根据粗、精车的要求，刃磨出合理的前、后角。粗车刀前角大、后角小，精车刀则相反。

②车刀的左右刀刃必须是直线，无崩刃。

③刀头不歪斜，牙型半角相等。

④内螺纹车刀刀尖角平分线必须与刀杆垂直。

⑤内螺纹车刀后角应适当大些，一般磨有两个后角。

（2）刀尖角的刃磨和检查。由于螺纹车刀刀尖角要求高、刀头体积小，因此刃磨起来比一般车刀困难。在刃磨高速钢螺纹车刀时，若感到发热烫手，必须及时用水冷却，否则容易引起刀尖退火；刃磨硬质合金车刀时，应注意刃磨顺序，一般是先将刀头后面适当粗磨，随后再刃磨两侧面，以免产生刀尖爆裂。在精磨时，应注意防止压力过大而震碎刀片，同时要防止刀具在刃磨时骤冷而损坏。

为了保证磨出准确的刀尖角，在刃磨时可用螺纹角度样板测量，如图7-1（a）所示。测量时把刀尖角与样板贴合，对准光源，仔细观察两边贴合的间隙，并进行修磨。

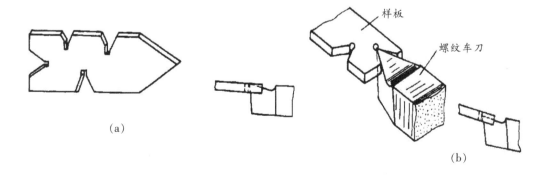

（a）

（b）

图7-1　角度样板与刀尖角的测量

对于具有纵向前角的螺纹车刀可以用一种厚度较厚的特制螺纹样板来测量刀尖角,如图7-1(b)所示。测量时样板应与车刀底面平行,用透光法检查,这样量出的角度近似等于牙型角。

(二)看生产实习图(图7-2)和确定车刀刃磨的操作步骤

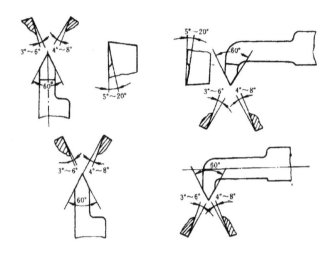

图7-2　螺纹车刀的几何角度

(1)粗磨主、副后面(刀尖角初步形成)。

(2)粗、精磨前面或前角。

(3)精磨主副后面,刀尖角用样板检查修正。

(4)车刀刀尖倒棱宽度一般为0.1P,用油石研磨。

(三)容易产生的问题和注意事项

(1)磨刀时,人的站立位置要正确,特别在刃磨整体式内螺纹车刀内测刀刃时,不小心就会使刀尖角磨歪。

(2)刃磨高速钢车刀时,宜选用80号氧化铝砂轮,磨刀时压力应力小于一般车刀,并及时蘸水冷却,以免过热而失去刀刃硬度。

(3)粗磨时也要用样板检查刀尖角。若磨有纵向前角的螺纹车刀,粗磨后的刀尖角略大于牙型角,待磨好前角后再修正刀尖角。

(4)刃磨螺纹车刀的刀刃时,要稍带移动,这样容易使刀刃平直。

(5)刃磨车刀时要注意安全。

七、评价方案

三角螺纹刀具刃磨任务评价见表7-2。

表7-2　三角螺纹刀具刃磨任务评价表

评价内容	评价依据	权重
知识	1.依据课堂提问回答情况 2.依据课时任务表完成情况	30%
技能	1.依据课内项目完成情况 2.依据课外项目完成情况	50%
态度(规范、仔细、对质量的追求、创造性等)	1.迟到早退1次各扣5分，旷课1次扣10分，累计3次及以上（包括迟到早退累计3次），取消该门课程的成绩 2.将手机、无关书籍、零食带进实训室1次扣5分 3.做和上课无关的事情各扣5分（聊天、睡觉、追逐打闹、不服从管理等） 4.迟交作业或不按项目要求完成作业1次扣5分	20%

模块二　车三角形外螺纹

一、模块描述

本模块是学生通过观察老师在车床上的加工过程的操作和观看PPT，经过老师的指导和反复练习，能够按考核表(表7-3)所列要求独立完成三角形外螺纹的车削(图7-3)。

表7-3　外三角螺纹加工任务考核表

班级		小组		姓名		日期	
序号	考核内容		要求			分值	得分
1	外圆		ϕ40mm ϕ22mm			15	
2	长度		100mm 32mm 7mm			15	
3	螺纹（左）		M27 20mm			20	
4	螺纹（右）		M27 36mm			20	
5	表面粗糙度		Ra3.2 Ra6.3			5	
6	倒角		C2 三处			5	
7	文明安全操作		1.安全着装 2.正确开启、使用车床 3.操作规范 4.正确摆放工量具			20	
			合计				

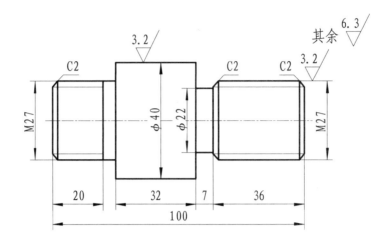

图7-3　螺纹车削实习图

二、教学目标

(1)了解三角形螺纹的用途和技术要求。

(2)掌握车削三角形螺纹的基本方法。

(3)掌握用螺纹环规检查三角形螺纹的方法。

三、教学资源

(1)理实一体化教室。

(2)PPT多媒体教学课件(视频演示三角形外螺纹车削操作)。

(3)4台车床,游标卡尺、千分尺五套,外圆、螺纹车刀若干,圆钢ϕ42mm×102mm,铜皮等。

(4)每人一张任务考核表。

四、教学组织

(1)实操前指导分组,每组4人,由组长、安全员和质检员组成;上岗实操,4人一台车床,1人操作,另选择1人监督,并填写任务表和安全文明操作部分内容;完成后,轮换岗位。

(2)通过PPT多媒体教学课件,演示刀具安装、车床调整和车床加工操作过程,展现课程任务,演示操作过程,使学生感性认识整个操作过程。

五、教学过程

1.任务呈现

引入课程,使学生认识三角形外螺纹并了解车削加工过程。

2.任务分析

实物分析,确定螺纹各部分尺寸及加工方法。

3.教师演示操作

演示车刀安装到螺纹车削整个操作过程,准备实施任务。

4.学生独立操作

根据任务要求完成螺纹车削加工。教师巡视指导。

5.评价展示

对加工的螺纹进行检测评价。

六、相关工艺知识

(一)三角形外螺纹

在机器制造业中,三角形螺纹应用很广泛,常用于连接、紧固;在工具和仪器中还往往用于调节。

三角形螺纹的特点:螺距小,一般螺纹长度短。其基本要求是,螺纹轴向剖面必须正确、两侧表面粗糙度小;中径尺寸符合精度要求;螺纹与工件轴线保持同轴。

1.螺纹车刀的装夹

(1)装夹车刀时,刀尖一般应对准工件中心(可根据尾座顶尖高度检查)。

(2)车刀刀尖角的对称中心线必须与工件轴线垂直,装刀时可用样板来对刀,如图7-4(a)所示。如果把车刀装歪,就会产生如图7-4(b)所示的牙型歪斜。

(3)刀头伸出不要过长,一般为20~25mm(约为刀杆厚度的1.5倍)。

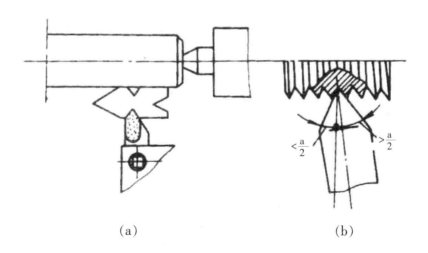

（a）　　　　　　　　　　　　（b）

图7-4　螺纹车刀的装夹

2.车螺纹时车床的调整

(1)变换手柄位置。一般按工件螺距在进给箱铭牌上找到交换齿轮的齿数和手柄位置，并把手柄拨到所需的位置上。

(2)调整滑板间隙。调整中、小滑板镶条时，不能太紧，也不能太松。太紧了，摇动滑板费力，操作不灵活；太松了，车螺纹时容易产生"扎刀"。顺时针方向旋转小滑板手柄，消除小滑板丝杠与螺母的间隙。

3.车螺纹时的动作练习

(1)选择主轴转速为200r/min左右。开动车床，将主轴倒、顺转数次，然后合上开合螺母，检查丝杠与开合螺母的工作情况是否正常，若有跳动和自动抬闸现象，必须消除。

(2)空刀练习车螺纹的动作，选螺距2mm，长度为25mm，转速165~200r/min。开车练习开合螺母的分合动作，先退刀、后提开合螺母，动作协调。

试切螺纹。在外圆上根据螺纹长度，用刀尖对准，开车并径向进给，使车刀与工件轻微接触，车一条刻线作为螺纹终止退刀标记，如图7-5所示。并记住中滑板刻度盘读数，后退刀。将床鞍摇至离断面8~10牙处，径向进给0.05mm左右，调整刻度盘"0"位(以便车螺纹时掌握切削深度)，合下开合螺母，在工件上车一条有痕螺旋线，到螺纹终止线时迅速退刀，提起开合螺母，用钢直尺或螺距规检查螺距。

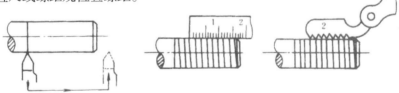

图7-5　螺纹试切与螺距测量

4.车无退刀槽的铸铁螺纹

(1)车螺纹前工件的工艺要求。

①螺纹大径一般应车的比基本尺寸小0.2~0.4mm（约为0.15p，p是工件螺距）。保证车好螺纹后牙顶处有0.125p的宽度。

②在车好螺纹前先用车刀在工件上倒角至略小于螺纹小径。

③铸铁(脆性材料)工件外圆表面粗糙度要小，以免车螺纹时牙尖崩裂。

(2)车铸铁螺纹的车刀。一般选用YG6或YG8硬质合金螺纹车刀。

(3)车削方法。一般选用直进法。车螺纹时，螺纹车刀刀尖及左右两侧刀刃都参与切削工作。每次车削由中滑板做径向进给，随着螺纹深度的加深，切削深度相应减小。这种切削方法操作简单,可以得到比较正确的牙型,适用于螺距小于2mm和脆性材料的螺纹车削。

(4)中途对刀的方法。中途换刀或车刀刃磨后须重新对刀,即车刀不切入工件而按下开合螺母,待车刀移到工件表面处,正转停车。摇动中、小滑板,使车刀刀尖对准螺旋槽,然后再正转开车,观察车刀刀尖是否在槽内,直至对准再开始车削。

(5)车铸铁螺纹应注意的事项。

①第一刀进刀要少,以后也不能太大,否则螺纹表面容易产生崩裂。

②车削时一般不使用切削液。

③切屑呈碎粒状,要防止飞入眼睛。

④为了保持刀尖和刀刃锋利,刀尖应稍倒圆,后角可大些。

5.车无退刀槽的钢件螺纹

(1)车钢件螺纹的车刀,一般选用高速钢车刀。为了排屑顺利,磨有纵向前角。

(2)车削方法。采用用左右切削法或斜进法,如图7-6所示。车螺纹时,除了用中滑板刻度控制车刀的径向进给外,同时使用小滑板的刻度,使车刀左、右微量进给。采用左右切削法时,要合理分配切削余量。粗车时亦可用斜进法,顺走刀一个方向偏移。一般每边留精车余量0.2~0.3mm。精车时,为了使螺纹两侧面都比较光洁,当一侧面车光以后,再将车刀偏移另一侧面车削。两面均车光后,再将车刀移至中间,用直进法把牙底车光,保证牙底清晰。精车使用低的机床转速($n<30$r/min)和浅的进刀深度($h<0.1$mm)。粗车时$n=80\sim100$r/min,$h=0.15\sim0.3$mm。

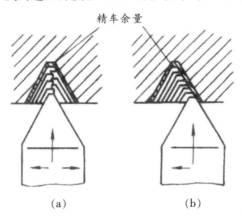

图7-6　左右切削法与斜进法

这种切削法操作较复杂,偏移的赶刀量要适当,否则会将螺纹车乱或牙顶车尖。它适用于低速切削螺距大于2mm的塑性材料。由于车刀用单刃切削,所以不容易产生扎刀现象。在车削过程中亦可用观察法控制左右微量进给。当排出的切屑很薄时(象锡箔一样,如图7-7所示),车出的螺纹表面粗糙度就会很小。

图7-7 用高速钢车刀车削三角螺纹

（3）乱牙及其避免方法。使用按、提开合螺母车螺纹时，应首先确定被加工螺纹的螺距是否乱牙。如果乱牙，可采用倒顺车法，即使用操纵杆正反车切削。

（4）切削液。低速车削时必须加乳化液。

6.车有退刀槽的螺纹

有很多螺纹，由于工艺和技术上的要求，须有退刀槽。退刀槽的直径应小于螺纹小径（便于拧螺母），槽宽为2~3个螺距。车削时车刀移至槽中即退刀，并提开合螺母或开倒车。

7.低速车螺纹时切削用量的选择

低速车螺纹时切削用量见表7-4。

表7-4 低速车螺纹时切削用量

进刀数	M24, P=3 中滑板进刀格数	小滑板赶刀（借刀）格数 左	右	M20, P=2.5 中滑板进刀格数	小滑板赶刀（借刀）格数 左	右	M20, P=2.5 中滑板进刀格数	小滑板赶刀（借刀）格数 左	右
1	11	0		11	0		10	0	
2	7	3		7	3		6	3	
3	5	3		5	3		1	2	
4	4	2		3	2		2	2	
5	3	2		2	1		1	1/2	
6	3	1		1	1		1	1/2	
7	2	1		1	0		1/4	1/2	
8	1	1/2		1/2	1/2		1/4		$2\frac{1}{2}$
9	1/2		1	1/4	1/2		1/2		1/2
10	1/2	0		1/4		3	1/4		1/2
11	1/4	1/2		1/2		0	1/4		1/2
12	1/4	1/2		1/2		1/2	1/4		0
13	1/2		3	1/4		1/2	螺纹深度=1.3 n=26格		
14	1/2		0	1/4		0			
15	1/4		1/2	螺纹深度=1.95 $n=32\frac{1}{2}$格					
16	1/4		0						
	螺纹深度=1.95,n=39格								

注 中滑板每格0.05mm；粗车选110~180r/min，精车选44~72r/min。

8.螺纹的测量和检查

(1)大径的测量。螺纹大径的公差较大,一般可用游标卡尺或千分尺。

(2)螺距的测量。螺距一般用钢直尺测量。普通螺纹的螺距较小,在测量时,根据螺距的大小,最好量2~10个螺距的长度,然后除以2~10,就得出一个螺距的尺寸。如果螺距太小,则用螺距规测量。测量时把螺距规平行于工件轴线方向嵌入牙中,如果完全符合,则螺距是正确的。

(3)中径的测量。精度较高的三角螺纹,可用螺纹千分尺测量,所测得的千分尺读数就是该螺纹的中径实际尺寸。

(4)综合测量。用螺纹环规综合检查三角形外螺纹。首先应对螺纹的直径、螺距、牙形和粗糙度进行检查,然后再用螺纹环规测量外螺纹的尺寸精度。如果螺纹环规通端拧进去,而止端拧不进,说明螺纹精度合格。对精度要求不高的螺纹也可用标准螺母检查,以拧上工件时是否顺利和松动的感觉来确定。检查有退刀槽的螺纹时,螺纹环规应通过退刀槽与台阶平面靠平。

(二)看生产实习图(图7-3)并确定加工步骤

(1)三爪卡盘装夹毛坯,伸出70mm,找正夹紧。

(2)先车平左端面,粗、精车外圆φ40mm,长70mm。

(3)粗、精车外圆φ27mm,倒角C2,车螺纹M27。

(4)掉头,垫铜皮装夹φ40mm外圆,伸出50mm,找正夹紧。

(5)车右端面,控制总长100mm。

(6)粗、精车外圆φ27mm,长40mm。

(7)切刀,车槽φ22mm×7mm。

(8)倒角C2×2,车螺纹M27。

(9)卸下工件。

(三)容易产生的问题和注意事项

(1)车螺纹前要检查主轴手柄位置,用手旋转主轴(正、反),看是否过重或空转量过大。

(2)由于初学者操作不熟练,宜采用较低的切削速度,并注意在练习时思想要集中。

(3)车螺纹时,开合螺母必须闸到位,如感到未闸好,应立即起闸,重新进行。

(4)车铸铁螺纹时,径向进刀不宜过大,否则会使螺纹牙尖爆裂,造成废品。

（5）车无退刀槽的螺纹时，要注意螺纹的收尾在1/2圈左右。要达到这个要求，必须先退刀，后起开合螺母。且每次退刀要一致，否则会撞掉刀尖。

（6）车螺纹应保持刀刃锋利。如中途换刀或磨刀后，必须重新对刀，并重新调整中滑板刻度。

（7）粗车螺纹时，要留适当的精车余量。

（8）精车时，应首先用最少的赶刀量车光一个侧面，把余量留给另一侧面。

（9）使用环规检查时，不能用力太大或用扳手拧，以免环规严重磨损或使工件发生移位。

（10）车螺纹时应注意不能用手去摸正在旋转的工件，更不能用棉纱去擦正在旋转的工件。

（11）车完螺纹后应提起开合螺母，并把手柄拨到纵向进刀位置，以免在开车时撞车。

七、评价方案

车三角形外螺纹评价见7-5。

表7-5　车三角形外螺纹评价表

评价内容	评价依据	权重
知识	1.依据课堂提问回答情况 2.依据课时任务表完成情况	30%
技能	1.依据课内项目完成情况 2.依据课外项目完成情况	50%
态度（规范、仔细、对质量的追求、创造性等）	1.迟到早退1次各扣5分，旷课1次扣10分，累计3次及以上（包括迟到早退累计3次），取消该门课程的成绩 2.将手机、无关书籍、零食带进实训室1次扣5分 3.做和上课无关的事情各扣5分（聊天、睡觉、追逐打闹、不服从管理等） 4.迟交作业或不按项目要求完成作业1次扣5分	20%

模块三　车三角形内螺纹

一、模块描述

本模块是学生通过观察老师在车床上的加工过程的操作和观看PPT，经过老师的指导和反复练习，能够按考核表（表7-6）所列要求独立完成三角形内螺纹的车削（图7-8）。

表7-6　内三角螺纹加工任务考核表

班级		小组		姓名		日期	
序号	考核内容		要求			分值	得分
1	内孔		$\phi27^{+0.02}_{0}$mm			10	
2	内沟槽		$\phi38$mm×6mm			10	
3	内螺纹		M36×2-6H			30	
4	表面粗糙度		Ra1.6 Ra3.2 其他 Ra6.3			15	
5	倒角		30°			15	
6	文明安全操作		1.安全着装 2.正确开启、使用车床 3.操作规范 4.正确摆放刀具			20	
	合计						

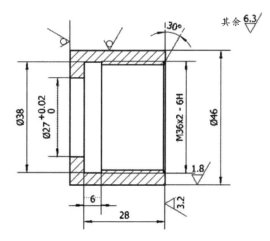

图7-8　车三角内螺纹实习图

二、教学目标

(1)掌握三角形内螺纹车刀的刃磨方法。

(2)掌握三角内螺纹的车削方法。

(3)掌握内螺纹的检测方法。

三、教学资源

(1)理实一体化教室。

(2)PPT多媒体教学课件(动画演示内螺纹结构和车削操作)。

(3)4台车床,$\phi50$mm×32mm毛坯料若干,$\phi24$mm麻花钻头5个(各带锥柄),外圆刀、内孔刀、内沟槽刀、内螺纹刀各若干,游标卡尺、千分尺、内卡钳、内径量表各5套等。

(4)每人一张任务考核表。

四、教学组织

（1）实操前指导分组，每组4人，由组长、安全员和质检员组成；上岗实操，4人一台车床，1人操作，另选择1人监督，并填写任务表和安全文明操作部分内容；完成后，轮换岗位。

（2）通过PPT多媒体教学课件，演示内螺纹的结构和加工过程，展现课程任务，演示操作过程，使学生感性认识内螺纹的结构和车削过程。

五、教学过程

1.任务呈现

引入课程，使学生了解内螺纹的结构和加工方法。

2.任务分析

实物分析内螺纹结构，确定加工方法。

3.教师演示操作

演示内螺纹车刀的刃磨和内螺纹车削方法，实施加工任务。

4.学生独立操作

根据任务考核要求完成实习任务。教师巡视指导。

5.评价展示

对加工的内螺纹进行检测评价。

六、相关工艺知识

（一）三角形内螺纹

三角形内螺纹工件形状常见的有三种，即通孔、盲孔和台阶孔，如图7-9所示。其中通孔内螺纹容易加工。在加工内螺纹时，由于车削的方法和工件形状的不同，因此所选用的螺纹车刀也不相同。

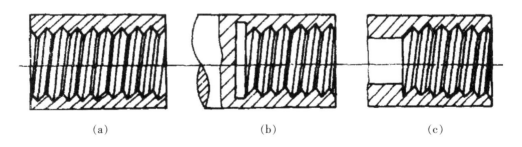

(a)　　　　　　　　　(b)　　　　　　　　　(c)

图7-9　三角形内螺纹工件形状

工厂中最常见的内螺纹车刀如图7-10所示。

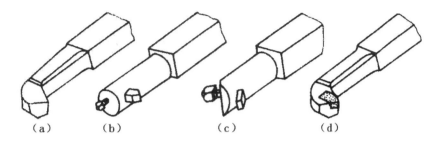

图7-10 内螺纹车刀

1.内螺纹车刀的选择和装夹

(1)内螺纹车刀的选择。内螺纹车刀是根据车削方法和工件材料及形状来选择的。它的尺寸大小受到螺纹孔径尺寸限制,一般内螺纹车刀的刀头径向长度应比孔径小3~5mm。否则退刀时要碰伤牙顶,甚至不能车削。刀杆的大小在保证排屑的前提下,要粗壮些。

(2)车刀的刃磨和装夹。内螺纹车刀的刃磨方法和外螺纹车刀基本相同。但是刃磨刀尖时要注意它的平分线必须与刀杆垂直,否则车内螺纹时会出现刀杆碰伤内孔的现象,如图7-11所示。刀尖宽度应符合要求,一般为0.1p。

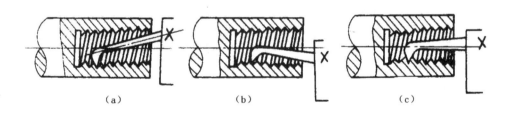

图7-11 内螺纹车刀的装夹

在装刀时,必须严格按样板找正刀尖,否则车削后会出现倒牙现象。刀装好后,应在孔内摇动床鞍至终点检查是否碰撞(图7-12)。

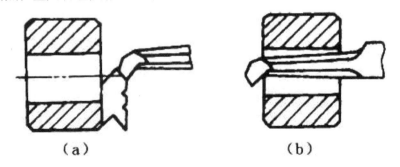

图7-12 内螺纹车刀的找正

2.三角形内螺纹孔径的确定

在车内螺纹时,首先要钻孔或扩孔,孔径$D_孔$公式一般可采用下面公式计算:

$$D_孔 \approx d - 1.05p$$

3.车通孔内螺纹的方法

(1)车内螺纹前,先把工件的内孔、端面及倒角车好。

(2)开车空刀练习进刀、退刀动作,车内螺纹时的进刀和退刀方向与车外螺纹时相反,如图7-13所示练习。练习时,需在中滑板刻度圈上做好退刀和进刀记号。

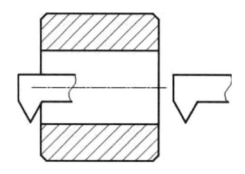

图7-13 内螺纹车削时的进退刀方向

(3)进刀切削方式和外螺纹相同,螺距小于1.5mm或铸铁螺纹采用直进法;螺距大于2mm采用左右切削法。为了改善刀杆受切削力变形,它的大部分余量应先在尾座方向上切削掉,后车另一面,最后车螺纹大径。车内螺纹时目测困难,一般根据观察排屑情况进行左右赶刀切削,并判断螺纹表面的粗糙度。

4.车盲孔或台阶孔内螺纹

(1)车退刀槽,它的直径应大于内螺纹大径,槽宽为2~3个螺距,并与台阶平面切平。

(2)选择盲孔车刀。

(3)根据螺纹长度加上1/2槽宽在刀杆上做好记号,作为退刀、开合螺母起闸之用。

(4)车削时,中滑板手柄的退刀和开合螺母起闸测动作要迅速、准确、协调,保证刀尖在槽中退刀。

(5)切削用量和切削液的选择与车外三角螺纹时相同。

(二)看生产实习图(图7-8)并确定练习件的加工步骤

(1)夹住外圆,找正平面。

(2)钻ϕ24mm通孔。

(3)粗、精车内孔ϕ27mm×32mm,通孔。

（4）扩孔ϕ34mm×28mm。

（5）车削内沟槽,ϕ38mm×6mm。

（6）孔口倒角1mm×30°。

（7）粗、精车M36×2内螺纹,达到图样要求。

（8）卸下工件。

（三）容易产生的问题和注意事项

（1）内螺纹车刀的两刃口要刃磨平直,否则会使车出的螺纹牙形侧面相应不直,影响螺纹精度。

（2）车刀的刀头不能太窄,否则螺纹已车到规定深度,但中径尚未达到要求尺寸。

（3）由于车刀刃磨不正确或由于装刀歪斜,会使车出的内螺纹一面正好用塞规拧进,另一面却拧不进或配合过松。

（4）车刀刀尖要对准工件中心,若车刀装的高,车削时引起振动,使工件表面产生鱼鳞斑现象;若车刀装的低,刀头下部会和工件发生摩擦,车刀切不进去。

（5）内螺纹车刀刀杆不能选择的太细,否则由于切削力的作用,引起震颤和变形,出现"扎刀"、"啃刀"、"让刀"和发出不正常的声音及震纹等现象。

（6）小滑板宜调整得紧一些,以防车削时车刀移位产生乱扣。

（7）加工盲孔内螺纹,可以在刀杆上作记号或用薄铁皮作标记,也可用床鞍刻度的刻线等来控制退刀,避免车刀碰撞工件而报废。

（8）赶刀量不宜过多,以防精车时没有余量。

（9）车内螺纹时,如发现车刀有碰撞现象,应及时对刀,以防车刀移位而损坏牙形。

（10）车刀要保持锋利,否则容易产生"让刀"。

（11）因"让刀"现象产生的螺纹锥形误差(检查时,只能在进口处拧紧几下),不能盲目地加大切削深度,这时必须采用趟刀的方法,使车刀在原来的切刀深度位置,反复车削,直至全部拧进。

（12）用螺纹塞规检查,应过端全部拧进,感觉松紧适当;止端拧不进。检查盲孔螺纹,过端拧进的长度应达到图样要求的长度。

（13）车内螺纹过程中,当工件在旋转时,不可用手摸,更不可用棉纱去擦,以免造成事故。

七、评价方案

内三角螺纹加工任务评价见表7-7。

表7-7　内三角螺纹加工任务评价表

评价内容	评价依据	权重
知识	1.依据课堂提问回答情况 2.依据课时任务表完成情况	30%
技能	1.依据课内项目完成情况 2.依据课外项目完成情况	50%
态度（规范、仔细、对质量的追求、创造性等）	1.迟到早退1次各扣5分，旷课1次扣10分，累计3次及以上（包括迟到早退累计3次），取消该门课程的成绩 2.将手机、无关书籍、零食带进实训室1次扣5分 3.做和上课无关的事情各扣5分（聊天、睡觉、追逐打闹、不服从管理等） 4.迟交作业或不按项目要求完成作业1次扣5分	20%

模块四　高速车削三角形外螺纹

一、模块描述

本模块是学生通过观察老师在车床上的加工过程的操作和观看PPT，经过老师的指导和反复练习，能够按考核表（表7-8）所列要求独立完成三角形外螺纹的加工。

表7-8　高速车削三角形外螺纹任务考核表

班级		小组		姓名		日期	
序号	考核内容		要求			分值	得分
1	车刀		1.刀尖角59°～59.5° 2.刀尖高于中心0.2mm			10	
2	车床调整		1.调整床鞍和中、小滑板 2.开合螺母要灵活 3.转速200～500r/min			20	
3	车削过程		1.正确合理分刀 2.操作熟练			20	
4	螺纹检测		1.大径检测 2.环规综合检测			30	
5	文明安全操作		1.安全着装 2.正确调整使用车床 3.文明有序实训 4.正确摆放工量刃具			20	
合计							

二、教学目标

（1）掌握硬质合金三角螺纹车刀的角度及刃磨要求。

（2）掌握高速车三角形螺纹的方法及安全技术。

（3）能较合理的选择切削用量。

（4）掌握不同螺距螺纹车削的走刀次数。

三、教学资源

(1)理实一体化教室。

(2)PPT多媒体教学课件。

(3)5台车床,游标卡尺5把,外圆、切槽和螺纹车刀若干,毛坯料若干,对刀样板等。

(4)每人一张任务考核表。

四、教学组织

(1)实操前指导分组,每组4人,由组长、安全员和质检员组成;上岗实操,4人一台车床,1人操作,另选择1人监督,并填写任务表和安全文明操作部分内容;完成后,轮换岗位。

(2)通过PPT多媒体教学课件,演示车削操作过程,展现课程任务,演示操作过程,使学生感性认识高速车削螺纹过程。

五、教学过程

1.任务呈现

引入课程,使学生了解高速车削外螺纹的过程。

2.任务分析

实物分析车刀角度要求,螺纹车削分刀方法和操作注意事项。

3.教师演示操作

演示高速车削螺纹的过程,实施车削任务。

4.学生独立操作

根据任务考核表要求完成操作任务。教师巡视指导。

5.评价展示

对加工的螺纹进行检测评价。

六、相关工艺知识

(一)高速车削三角形外螺纹

工厂中普遍采用硬质合金螺纹车刀进行高速车钢件螺纹,其切削速度比高速钢车刀高15~20倍,进刀次数可减少2/3以上,生产效率可大大提高。

1.车刀的选择与装夹

(1)车刀的选择。通常选用镶有YT15刀片的硬质合金螺纹车刀,其刀尖角应小于螺纹牙形角30′~1°;后角一般3°~6°,车刀前面和后面要经过精细研磨。

(2)车刀的装夹。除了符合螺纹车刀的装夹要求外,为了防止震动和"扎刀",刀尖应略高于工件中心,一般高0.1~0.3mm。

2.车床的调整和动作练习

(1)调整床鞍和中、小滑板,使之无松动现象,小滑板应紧一些。

(2)开合螺母要灵活。

(3)机床无显著振动;车削前作空刀练习,转速为200~500r/min。要求进刀、退刀、提起开合螺母动作迅速、准确、协调。

3.高速车螺纹

(1)进刀方式。车削时只能用直进法。

(2)切削用量的选择。切削速度一般取50~100m/min,切削深度开始大些(大部分余量在第一刀、第二刀车去),以后逐步减少,但最后一刀应不少于0.1mm。一般高速切削螺距为1.5~3mm,材料为中碳钢的螺纹时,只需3~7次进刀即可完成。切削过程中一般不加切削液。

例 螺距为1.5mm、2mm,其切削深度分配如下:

p=1.5mm 总切削深度为0.65p=0.975mm

第一刀切削深度 0.5mm

第二刀切削深度 0.35mm

第三刀切削深度 0.1mm

p=2mm 总切削深度为0.65p=1.3mm

第一刀切削深度 0.6mm

第二刀切削深度 0.4mm

第三刀切削深度 0.2mm

第四刀切削深度 0.1mm

用硬质合金车刀高速车削材料为中碳钢或合金钢时,走刀次数可参考表7-9数据。

表7-9 螺距与走刀次数

螺距/(mm)		1.5 ~ 2	3	4	5
走刀次数	粗车	2 ~ 3	3 ~ 4	4 ~ 5	5 ~ 6
	精车	1	2	2	2

(二)看实习图并确定加工步骤

1.加工步骤一(图7-14)

(1)工件伸出50mm,找正夹紧。

(2)粗、精车外圆φmm,长40mm。

(3)车槽10mm×2mm。

(4)螺纹两端到角1×45°。

(5)高速车三角螺纹M33×2至图样要求。

(6)检查。

(7)以后各次练习方法同上。

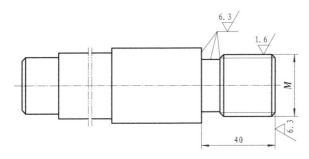

其余 ∇
全部倒角1×45°

次数	M/(mm)
1	M33×2
2	M30×2
3	M27×2

图7-14 车三角外螺纹实习图(一)

2.加工步骤二(图7-15)

(1)工件伸出105mm,找正夹紧。

(2)粗、精车外圆φ24mm,长40mm及M33×2处外圆,长48mm。

(3)车槽6mm×2mm。

(4)螺纹两端到角1×45°。

(5)高速车三角螺纹M33×2至图样要求。

(6)以后各次练习方法同上。

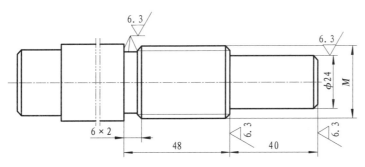

其余 ∇
全部倒角1×45°

次数	M/(mm)
1	M33×2
2	M30×2
3	M27×2

图 7-15 车三角外螺纹实习图(二)

（三）容易产生的问题和注意事项

（1）高速车螺纹前，要先作空刀练习，转速可以逐步提高，要有一个适应过程。

（2）高速车螺纹时，由于工件材料受车刀挤压时外径胀大，因此，工件外径应比螺纹大径的基本尺寸小0.2~0.4mm。

（3）车削时切削力较大，必须将工件夹紧；同时小滑板应紧一些好，否则工件容易产生移位使螺纹破牙。

（4）发现刀尖处有"刀瘤"要及时清除。

（5）一旦产生刀尖"扎入"工件引起崩刃或螺纹侧面有伤痕，应停止高速车削，清除镶入工件的硬质合金碎粒，然后用高速钢车刀低速修正有伤痕的侧面。

（6）用螺纹环规检查前，应修去牙顶毛刺。

（7）高速切削螺纹时切屑流出很快，而且多数是整条锋利的带状切屑，不能用手拉，应停车后及时清除此种切屑。

（8）因高速车螺纹时操作比较紧张，加工时必须思想集中，胆大心细、眼准手快。特别是在进刀时，要注意中滑板不要多摇一圈，否则会造成刀尖崩刃、工件顶歪或工件飞出等事故。

七、评价方案

高速车削三角形外螺纹评价见表7-10。

表7-10　高速车削三角形外螺纹评价表

评价内容	评价依据	权重
知识	1.依据课堂提问回答情况 2.依据课时任务表完成情况	30%
技能	1.依据课内项目完成情况 2.依据课外项目完成情况	50%
态度（规范、仔细、对质量的追求、创造性等）	1.迟到早退1次各扣5分，旷课1次扣10分，累计3次及以上（包括迟到早退累计3次），取消该门课程的成绩 2.将手机、无关书籍、零食带进实训室1次扣5分 3.做和上课无关的事情各扣5分（聊天、睡觉、追逐打闹、不服从管理等） 4.迟交作业或不按项目要求完成作业1次扣5分	20%

项目八

车梯形螺纹

项目描述

梯形螺纹是机械上常见的结构,是车床加工中的一项重要工作内容。梯形螺纹的加工质量会影响零件的使用甚至影响整个机器的使用功能。该项目包含梯形螺纹车刀的刃磨和梯形螺纹的车削两个任务模块。通过本项目的学习与实践,学会正确刃磨梯形螺纹车刀、熟练掌握梯形螺纹的车削操作。

模块一 梯形螺纹刀的刃磨

一、模块描述

本模块是学生通过观察老师在车床上的加工过程的操作和观看PPT,经过老师的指导和反复练习,能够按考核表(表8–1)所列要求独立完成螺纹车刀的刃磨。

表8–1 梯形螺纹车刀刃磨任务考核表

班级		小组		姓名		日期	
序号	考核内容		要求			分值	得分
1	刀尖夹角		1.粗车刀小于30° 2.精车刀等于30°			10	
2	刀尖宽度		1.牙底宽–0.05 mm			10	
3	纵向前角		1.粗车刀前角$\gamma_0=15°$ 2.精车刀前角$\gamma_0=0°$			10	
4	纵向后角		1.后角$\alpha_0=6°\sim8°$			10	
5	两侧刀刃后角		1.$\alpha_1=(3°\sim5°)+\phi$ 2.$\alpha_2=(3°\sim5°)-\phi$			20	
6	刀刃		1.平直、锋利			20	
7	文明安全操作		1.安全着装 2.正确开启、使用砂轮机 3.正确刃磨车刀 4.正确摆放刀具			20	
合计							

二、教学目标

(1)了解梯形螺纹的几何形状和角度。

(2)掌握梯形螺纹车刀的刃磨方法和刃磨要求。

(3)掌握用样板检查车刀和修磨刀尖的方法。

三、教学资源

(1)理实一体化教室。

(2)PPT多媒体教学课件(动画演示车床操作和刀具刃磨操作)。

(3)4台砂轮机,废旧梯形螺纹车刀若干,角度样板5个、150mm游标卡尺5把。

(4)每人一张任务考核表。

四、教学组织

(1)实操前指导分组,每组4人,由组长、安全员和质检员组成;上岗实操,4人一台砂轮机,1人操作,另选择1人监督,并填写任务表和安全文明操作部分内容;完成后,轮换岗位。

(2)通过PPT多媒体教学课件,演示车床加工和刀具刃磨操作过程,展现课程任务,演示操作过程,使学生感性认识车削和刀具磨削过程。

五、教学过程

(1)任务呈现

引入课程,使学生了解梯形螺纹车刀的种类及其用途。

(2)任务分析

实物分析车刀组成,确定磨削部分。

(3)教师演示操作

分析确定车刀刃磨的部分,实施刃磨任务。

(4)学生独立操作

根据任务完成刀具刃磨。教师巡视指导。

(5)评价展示

对刃磨的车刀进行检测评价。

六、相关工艺知识

(一)梯形螺纹车刀

1.梯形螺纹车刀的几何角度和刃磨要求

梯形螺纹有英制和公制(米制)两类,米制牙型角30°,英制29°,一般常用的是公制螺纹。

梯形螺纹车刀分粗车刀和精车刀两种。

（1）梯形螺纹车刀的角度（图8-1）。

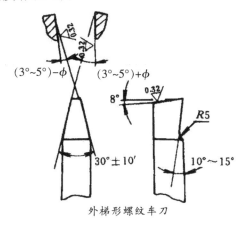

图8-1　梯形螺纹车刀的几何角度

①两刃夹角。粗车刀应小于牙型角，精车刀应等于牙形角。

②刀尖宽度。粗车刀的刀尖宽度应为1/3螺距宽。精车刀的刀尖宽度应等于牙底宽度减0.05mm。

③纵向前角。粗车刀一般为15°左右。精车刀为了保证牙型角正确，纵向前角应等于0，但实际生产时取5°~10°。

④纵向后角。一般为6°~8°。

⑤两侧刀刃后角。$\alpha_1=(3°\sim5°)+\phi$，$\alpha_2=(3°\sim5°)-\phi$。

（2）梯形螺纹的刃磨要求。

①用螺纹样板（图8-2）校对刃磨两刃夹角。

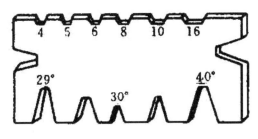

图8-2　螺纹样板

②有纵向前角的两刃夹角应进行修正。

③车刀刃口要光滑、平直、无虚刃；两侧副刀刃必须对称，刀头不能歪斜。

④用油石研磨去各刀刃的毛刺。

（二）看生产实习图（图8-1）并确定刃磨步骤

（1）粗磨主、副后面，刀尖角初步成形。

（2）粗、精磨前面和前角。

（3）精磨主后刀面、副后刀面，刀尖用样板修正。

（三）注意事项

（1）刃磨两侧副后刀面时，应考虑螺纹的左右旋向和螺纹升角的大小，然后确定两侧后角的增减。

（2）刃磨高速钢车刀，应随时冷却，以防退火。

（3）梯形螺纹车刀的刀尖角的角平分线应与刀杆垂直。

七、评价方案

梯形螺纹车刀刃磨任务评价见表8-2。

表8-2　梯形螺纹车刀刃磨任务评价表

评价内容	评价依据	权重
知识	1.依据课堂提问回答情况 2.依据课时任务表完成情况	30%
技能	1.依据课内项目完成情况 2.依据课外项目完成情况	50%
态度（规范、仔细、对质量的追求、创造性等）	1.迟到早退1次各扣5分，旷课1次扣10分，累计3次及以上（包括迟到早退累计3次），取消该门课程的成绩 2.将手机、无关书籍、零食带进实训室1次扣5分 3.做和上课无关的事情各扣5分（聊天、睡觉、追逐打闹、不服从管理等） 4.迟交作业或不按项目要求完成作业1次扣5分	20%

模块二　车梯形螺纹

一、模块描述

本模块是学生通过观察老师在车床上的加工过程的操作和观看PPT，经过老师的指导和反复练习，能够按考核表（表8-3）所列要求独立完成梯形螺纹的车削（图8-3）。

表8-3　梯形螺纹车削任务考核表

班级		小组		姓名		日期	
序号	考核内容		尺寸要求			分值	得分
1	外圆		$\phi20_{-0.021}^{0}$mm $\phi22_{-0.021}^{0}$mm $\phi17_{-0.018}^{0}$mm			10	
2	长度		178mm 24mm 36mm 50mm 50mm			10	
3	三角螺纹		M16			10	
4	梯形螺纹		Tr32×6			20	
5	倒角		两处 1mm×45、两处 2 mm×45°			10	
6	圆弧过渡		R1			10	
7	粗糙度		Ra1.6 五处			10	
8	文明安全操作		1.安全着装 2.正确开启、使用车床 3.文明有序操作 4.正确摆放工量刃具			20	
		合计					

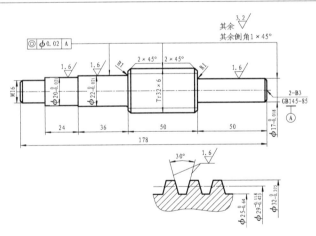

图8-3　车梯形螺纹实习图

二、教学目标

（1）了解梯形螺纹的用途和技术要求。

（2）掌握梯形螺纹车刀的修磨。

（3）掌握梯形螺纹的车削方法。

（4）掌握梯形螺纹的测量、检查方法

三、教学资源

(1)理实一体化教室。

(2)PPT多媒体教学课件。

(3)5台车床,90°外圆车刀、45°弯头车刀、三角形螺纹车刀、梯形螺纹车刀若干,ϕ35mm×180mm圆钢若干,游标卡尺、千分尺、公法线千分尺、螺纹环规各5个,中心钻A3 10个等。

(4)每人一张任务考核表。

四、教学组织

(1)实操前指导分组,每组4人,由组长、安全员和质检员组成;上岗实操,4人一台车床,1人操作,另选择1人监督,并填写任务表和安全文明操作部分内容;完成后,轮换岗位。

(2)通过PPT多媒体教学课件,演示梯形螺纹的结构和梯形螺纹车削加工过程,展现课程任务,演示操作过程,使学生感性认识梯形螺纹和了解梯形螺纹的车削过程。

五、教学过程

1.任务呈现

引入课程,使学生了解梯形螺纹的结构、车削方法以及螺纹质量的检测方法。

2.任务分析

实物分析梯形螺纹结构,确定车削方法。

3.教师演示操作

演示螺纹车削过程,实施车削任务。

4.学生独立操作

根据任务考核表完成操作任务。教师巡视指导。

5.评价展示

对车削的梯形螺纹进行检测评价。

六、相关工艺知识

(一)梯形螺纹

梯形螺纹的轴向剖面形状是一个等腰梯形,一般作传动用,精度高,如车床上的长丝杠和中小滑板的丝杠等。

1.螺纹的一般技术要求

(1)螺纹中径必须与基准轴颈同轴,其大径尺寸应小于基本尺寸。

(2)车梯形螺纹必须保证中径尺寸公差。

(3)螺纹的牙型角要正确。

(4)螺纹两侧面表面粗糙度值要低。

2.梯形螺纹车刀的选择和装夹

(1)车刀的选择。通常采用低速车削,一般选用高速钢材料。

(2)车刀的装夹。

①车刀主切削刃必须与工件轴线等高(用弹性刀杆应高于轴线约0.2mm)同时应和工件轴线平行。

②刀头的角平分线要垂直于工件的轴线。用样板找正装夹,以免产生螺纹半角误差(图8-4)。

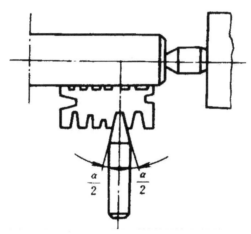

图8-4　梯形螺纹车刀的找正

3.工件的装夹

一般采用两顶尖或一夹一顶装夹。粗车较大螺距时,可采用四爪卡盘一夹一顶,以保证装夹牢固,同时使工件的一个台阶靠住卡盘平面,固定工件的轴向位置,以防止因切削力过大,使工件移位而车坏螺纹。

4.车床的选择和调整

(1)挑选精度较高,磨损较少的机床。

(2)正确调整机床各处间隙,对床鞍、中小滑板的配合部分进行检查和调整,注意控制机床主轴的轴向窜动、径向圆跳动以及丝杠轴向窜动。

(3)选用磨损较少的交换齿轮。

5.梯形螺纹的车削方法

(1)螺距小于4mm和精度要求不高的工件,可用一把梯形螺纹车刀,并用少量的左右进给车削[图8-5(c)]。

（2）螺距大于4mm和精度要求较高的梯形螺纹，一般采用分刀车削的方法[图8-5(a)、(b)]。

①粗车、半精车梯形螺纹时，螺纹大径留0.3mm左右余量且倒角成15°。

②选用刀头宽度稍小于槽低宽度的车槽刀，粗车螺纹（每边留0.25~0.35mm的余量）。

③用梯形螺纹车刀采用左右车削法车削梯形螺纹两侧面，每边留0.1~0.2mm的精车余量，并车准螺纹小径尺寸，如图8-5(c)所示。

④精车大径至图样要求（一般小于螺纹基本尺寸）。

⑤选用精车梯形螺纹车刀，采用左右切削法完成螺纹加工，如图8-5(d)所示。

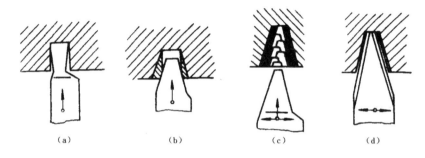

（a）　　　　　　（b）　　　　　　（c）　　　　　　（d）

图8-5　梯形螺纹的车削方法

6.梯形螺纹的测量方法

（1）综合测量法。用标准螺纹环规综合测量。

（2）三针测量法。这种方法是测量外螺纹中径的一种比较精密的方法，适用于测量一些精度要求较高、螺纹升角小于4°的螺纹工件。测量时把三根直径相等的量针放在螺纹相对应的螺旋槽中，用千分尺量出两边量针顶点之间的距离M，如图8-6所示。

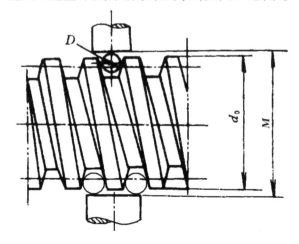

图8-6　三针法测量梯形螺纹中径

例 车Tr32×6梯形螺纹,用三针测量螺纹中径,求量针直径和千分尺读数值 M?

量针直径 $dD=0.518P=301$(mm)

千分尺读数值 $M=d2+4.864dD-1.866P$

$=29+4.864×3.1-1.866×6$

$=29+15.08-11.20$

$=32.88$(mm)

测量时应考虑公差,则 $M=32.88-0.118$mm 为合格。

三针测量法采用的量针一般是专门制造的。在实际应用中,有时也用优质钢丝或新钻头的柄部来代替,但与计算出的量针直径尺寸往往不相符合,这就需要认真选择。要求所代用的钢丝或钻柄直径尺寸,最大不能在放入螺旋槽时被顶在螺纹牙尖上,最小不能放入螺旋槽时和牙底相碰,可根据表8-4所数据范围内进行选用。另外,也有采用单针法测量梯形螺纹的中径,如图8-7所示。

表8-4 钢丝或钻柄直径的最大及最小值

螺纹的牙型角	钢丝或钻柄最大直径	钢丝或钻柄最小直径	
30°	$d_{max}=0.656P$	$d_{min}=0.487P$	
40°	$d_{max}=0.779P$	$d_{min}=0.513P$	

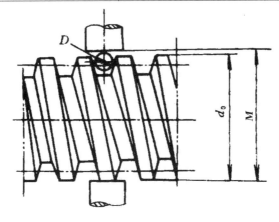

图8-7 单针法测量梯形螺纹的中径

(二)看生产实习图(图8-3)并确定加工步骤

(1)车总长两端钻中心孔。

(2)两顶尖装夹,粗车外圆 ϕ23mm、长76mm。

(3)调头粗车外圆 ϕ18mm、长50mm及外圆 $32^{+0.2}_{0}$mm。

(4) ϕ32mm外圆两端倒角2mm×45°。

（5）粗车Tr32×6梯形螺纹。

（6）精车梯形螺纹外圆$\phi32^{\ 0}_{-0.375}$mm。

（7）精车梯形螺纹至尺寸要求。

（8）精车外圆$\phi17^{\ 0}_{-0.018}$mm、长50mm。

（9）调头粗、精车外圆$\phi22^{\ 0}_{-0.021}$mm、长36mm，$\phi20^{\ 0}_{-0.021}$mm、长24mm及M16螺纹至图样要求。

（10）检查,卸下工件。

（三）容易产生的问题

（1）梯形螺纹车刀两侧副切削刃应平直,否则工件牙型角不正;精车时刀刃应保持锋利,要求螺纹两侧表面粗糙度要低。

（2）调整小滑板的松紧,以防车削时车刀移位。

（3）鸡心夹头或对分夹头应夹紧工件,否则车梯形螺纹时工件容易产生移位而损坏。

（4）车梯形螺纹中途复装工件时,应保持拨杆原位,以防乱牙。

（5）工件在精车前,最好重新修正顶尖孔,以保证同轴度。

（6）在外圆上去毛刺时,最好把砂布垫在锉刀下进行。

（7）不准在开车时用棉纱擦工件,以防出危险。

（8）车削时,为了防止因溜板箱手轮回转时不平衡,使床鞍移动时产生窜动,可去掉手柄。

（9）车梯形螺纹时以防"扎刀",建议用弹性刀杆。

七、评价方案

梯形螺纹车削任务评价见表8-5。

表8-5 梯形螺纹车削任务评价表

评价内容	评价依据	权重
知识	1.依据课堂提问回答情况 2.依据课时任务表完成情况	30%
技能	1.依据课内项目完成情况 2.依据课外项目完成情况	50%
态度（规范、仔细、对质量的追求、创造性等）	1.迟到早退1次各扣5分,旷课1次扣10分,累计3次及以上（包括迟到早退累计3次）,取消该门课程的成绩 2.将手机、无关书籍、零食带进实训室1次扣5分 3.做和上课无关的事情各扣5分（聊天、睡觉、追逐打闹、不服从管理等） 4.迟交作业或不按项目要求完成作业1次扣5分	20%

项目九

车蜗杆和多线螺纹

项目描述

本项目介绍了蜗杆和多线螺纹的车削加工方法，全面细致地讲解蜗杆和多线螺纹的相关知识，为车工实习中较难的内容。本部分内容包括车蜗杆和车多线螺纹两个模块，通过大量的实操练习，让大家能够掌握蜗杆和多线螺纹的车削技术。

模块一　车蜗杆

一、模块描述

本模块是学生通过观察老师在车床上的加工过程的操作和观看PPT，经过老师的指导和反复练习，能够按考核表（表9-1）所列要求独立完成蜗杆的车削（图9-1）。

表9-1　蜗杆车削任务考核表

班级		小组		姓名		日期	
序号	考核内容		要求			分值	得分
1	直径		$\phi18_{-0.018}^{\ 0}$ mm（两端）			10	
2	长度		120mm 30mm			10	
3	蜗杆		齿厚、中径、齿侧			40	
4	倒角		两端倒角 蜗杆两端倒角			10	
5	粗糙度		Ra1.6 四处			10	
6	文明安全操作		1.安全着装 2.正确使用车床和砂轮机 3.正确摆放工量刃具 4.文明有序实训			20	
合计							

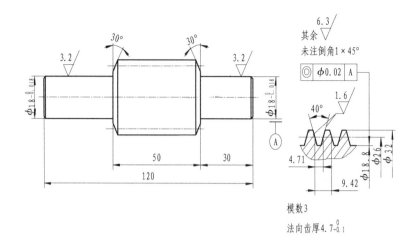

图9-1　车蜗杆实习图

二、教学目标

(1)掌握蜗杆有关车削的计算方法。

(2)掌握蜗杆车刀的刃磨方法和装夹方法。

(3)掌握蜗杆的车削方法。

(4)掌握蜗杆的齿厚测量法。

三、教学资源

(1)理实一体化教室。

(2)PPT多媒体教学课件。

(3)砂轮机、车床5~10台,90°外圆车刀、45°弯头车刀、蜗杆车刀若干,ϕ35mm×120mm圆钢若干,游标卡尺、公法线千分尺、千分尺、齿轮游标卡尺各5把,中心钻、顶尖等若干。

(4)每人一张任务考核表。

四、教学组织

(1)实操前指导分组,每组4人,由组长、安全员和质检员组成;上岗实操,4人一台车床,1人操作,另选择1人监督,并填写任务表和安全文明操作部分内容;完成后,轮换岗位。

(2)通过PPT多媒体教学课件,展现课程任务,演示操作过程,使学生感性认识蜗杆的结构尺寸和蜗杆的车削方法。

五、教学过程

1.任务呈现

引入课程,使学生了解蜗杆的结构和用途及蜗杆的车削加工方法。

2.务分析

实物分析蜗杆的结构特点,确定车刀的结构和车削的方法。

3.教师演示操作

演示蜗杆车削操作,注意与梯形螺纹的区别之处。

4.学生独立操作

根据任务考核表独立工件的车削加工。教师巡视指导。

5.评价展示

对车削的蜗杆进行检测评价。

六、相关工艺知识

(一)蜗杆

蜗杆的齿型和梯形螺纹很相似。常用的蜗杆有公制蜗杆(模数),齿型角为20°(牙形角40°);英制蜗杆(径节),齿型角为14°30′(牙型角29°)。我国一般常用公制蜗杆。齿型又分轴向直廓蜗杆和法向直廓蜗杆,通常轴向直廓蜗杆应用较多。

1. 蜗杆的特点

蜗杆的齿型较深,切削面积大,因此车削时比一般梯形螺纹更困难些。

(1)蜗杆的周节必须等于蜗轮周节(齿距)。

(2)蜗杆分度圆上的法向齿厚公差或轴向齿厚公差要符合标准要求。

(3)蜗杆分度圆径向跳动量不得大于允许范围。

2.公制蜗杆车削时有关尺寸计算(表9-2)

表9-2 公制蜗杆车削时有关尺寸计算

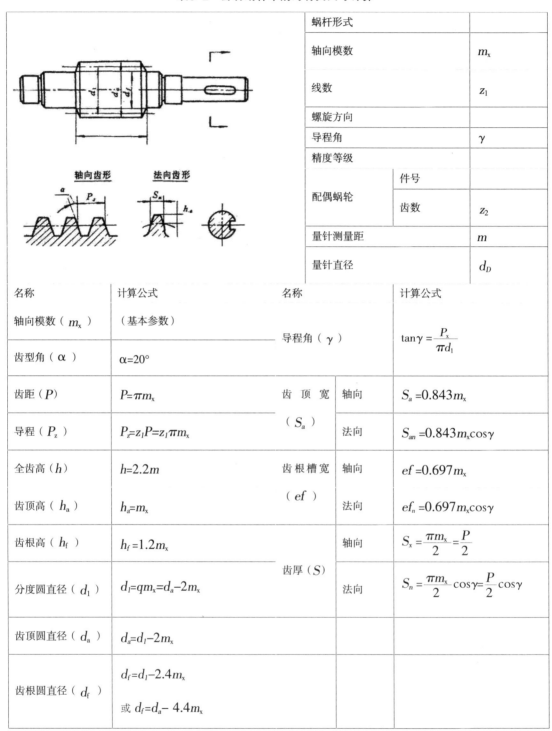

蜗杆形式		
轴向模数		m_x
线数		z_1
螺旋方向		
导程角		γ
精度等级		
配偶蜗轮	件号	
	齿数	z_2
量针测量距		m
量针直径		d_D

名称	计算公式	名称		计算公式
轴向模数（m_x）	（基本参数）	导程角（γ）		$\tan\gamma = \dfrac{P_x}{\pi d_1}$
齿型角（α）	$\alpha=20°$			
齿距（P）	$P=\pi m_x$	齿顶宽（S_a）	轴向	$S_a =0.843m_x$
导程（P_z）	$P_z=z_1P=z_1\pi m_x$		法向	$S_{an} =0.843m_x\cos\gamma$
全齿高（h）	$h=2.2m$	齿根槽宽（ef）	轴向	$ef =0.697m_x$
齿顶高（h_a）	$h_a=m_x$		法向	$ef_n =0.697m_x\cos\gamma$
齿根高（h_f）	$h_f=1.2m_x$	齿厚（S）	轴向	$S_x=\dfrac{\pi m_x}{2}=\dfrac{P}{2}$
分度圆直径（d_1）	$d_1=qm_x=d_a-2m_x$		法向	$S_n=\dfrac{\pi m_x}{2}\cos\gamma=\dfrac{P}{2}\cos\gamma$
齿顶圆直径（d_a）	$d_a=d_1-2m_x$			
齿根圆直径（d_f）	$d_f=d_1-2.4m_x$ 或 $d_f=d_a- 4.4m_x$			

例：车削外径为28mm，齿型角20°，轴向模数m_x=2的单线蜗杆，求车削时所需的尺寸。

解：（1）周节p=πm_x=3.1416×2=6.283（mm）

（2）全齿高h=2.2m_x=2.2×2=4.4(mm)

（3）分度圆直径d_1=d_a−2m_x=24(mm)

（4）齿根圆直径d_f=d_1−2.4m_x=19.2(mm)

（5）齿顶宽S_a=0.843m_x=1.686(mm)

（6）齿根槽宽e_f=0.697m_x=1.394(mm)

（7）导程角γ：$\tan\gamma = \dfrac{P}{\pi d_1} = 0.083$，即可计算得$\gamma$=4°46′。

（8）法向齿厚S_n=$\dfrac{P}{2}\cos\gamma$=3.13(mm)

3.蜗杆的车削方法

（1）蜗杆车刀。一般选用高速钢材料车刀。在刃磨时，其顺走刀方向一面(左侧)的后角必须相应的加上导程角。为了增强刀头强度，而背向走刀方向一面(右侧)后角应相应减去一个导程角。

左侧后角=（3°~5°）+ 导程角

右侧各角=（3°~5°）– 导程角

①蜗杆粗车刀（图9–2）。

a.车刀左右刀刃之间的夹角要小于牙形角（39°30′）。

b.刀头宽度要小于齿根槽宽。

c.应磨有10°~15°纵向前角。

d.径向后角6°~8°。

e.左刃后角（3°~5°)+导程角。右刃后角（3°~5°)– 导程角。

f.刀尖适当倒圆。

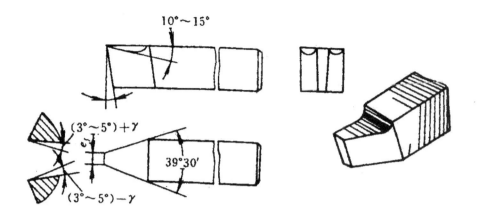

图9-2 蜗杆粗车刀

②蜗杆精车刀(图9-3)。

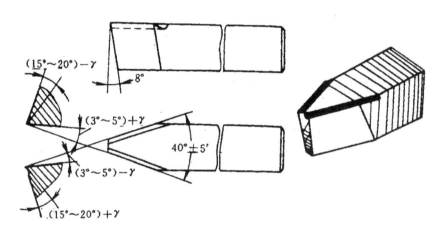

图9-3 蜗杆精车刀

a.车刀左右刀刃之间的夹角等于牙型角。

b.为了保证车出的蜗杆齿形正确,径向前角一般为0°,为保证左、右切削刃切削顺利,两切削刃都磨有较大前角(15°~20°)的断屑槽。当然这种精车刀只能精车两侧齿侧面,车刀前端切削刃不能用来车削槽底。

(2)蜗杆车刀的装夹。精度要求不高的蜗杆或蜗杆的粗车可以采用角度样板来装正车刀。

装夹精度要求较高或模数较大的蜗杆车刀,通常采用万能角度尺来找正车刀刀尖位置。就是将万能角度尺的一边靠住工件外圆,观察万能角度尺的另一边与车刀刃口的间隙。如有偏差时,可转动刀架或重新装夹车刀来调整刀尖角的位置(图9-4)。

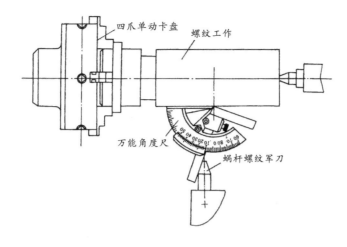

图9-4 蜗杆车刀的找正

（3）车削方法。采用开倒、顺车切削。蜗杆的切削方法和车梯形螺纹相似，可以用分层切削法。粗车后，留精车余量0.2~0.4mm。由于蜗杆的螺距大，齿型深，切削面积大，因此精车时，采用均匀的单面车削。如果切削深度过深，会发生"啃刀"现象。所以在车削中，应观察车削情况，控制车削用量，防止"扎刀"。

4.蜗杆的测量方法

（1）用三针和单针测量，方法与测量梯形螺纹相同。

（2）齿厚测量法是用齿轮游标卡尺测量蜗杆分度圆直径处的法向齿厚，如图9-5所示。

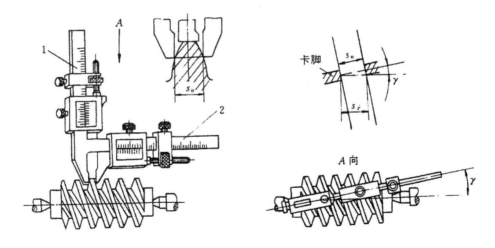

图9-5 用齿轮卡尺测量法向齿厚

（3）齿轮游标卡尺由互相垂直的齿高卡尺和齿厚卡尺组成,测量时将齿高卡尺读数调整到齿顶高（蜗杆齿顶高等于模数m_x）法向卡入齿廓,亦使齿轮卡尺和蜗杆轴线相交成一个导程角的角度,做少量转动,使卡角与蜗杆两侧面接触（利用微调调整）,此时的最小读数即是蜗杆分度圆直径处的法向齿厚S_n。

（二）看生产实习图（图9-1）,分析加工工艺,确定练习步骤

1.工艺分析

蜗杆轴材料为45#钢,模数m_x=3mm,法向齿厚4.70mm ,齿面表面粗糙度值Ra1.6 。为达到上述要求工序安排应将粗、精车分开。为保证蜗杆分度圆直径与外径的同轴度要求,精车时应采用两顶尖加工。加工前应检查、调整机床,按要求调整进给箱手柄,精心刃磨蜗杆车刀。

2.加工步骤

（1）一夹一顶装夹,粗车ϕ18mm,长40mm至ϕ19mm,长39.5mm。

（2）调头装夹。粗车外圆ϕ18mm,长30mm和ϕ32mm外圆,放精车余量0.2mm,并粗车蜗杆螺纹。

（3）两顶尖装夹,精车蜗杆外径ϕ32mm及两端倒角20°。

（4）精车蜗杆至齿厚尺寸要求。

（5）精车ϕ18mm、长30mm至尺寸要求。

（6）调头两顶尖装夹,精车ϕ18mm、长40mm至尺寸要求,并控制蜗杆长50mm。

（7）倒角1mm×45°。

（8）检查,卸下工件。

（三）容易产生的问题和注意事项

（1）车单线蜗杆时,应先验证周节（齿距）。

（2）由于蜗杆的螺旋升角大,车刀的两侧副后角应适当增减,精车刀的刃磨要求是:两侧刀刃平直,表面粗糙度小。

（3）对分夹头应夹紧工件,否则车蜗杆时容易移位,损坏工件。

（4）粗车时应调整床鞍同床身导轨之间的配合间隙,使其稍紧一些,以增大移动时的摩擦力,减少床鞍窜动的可能性。但这个间隙也不能调的太紧,以用于能平稳摇动床鞍为宜。

（5）加工模数较大的蜗杆,粗车时为了提高工件的装夹刚度,使它能够承受较大的切削力,应尽量缩短工件的长度,或使用四爪单动卡盘装夹。精车时要保证工件的同轴度,应以两

顶尖孔定位装夹,以保证加工精度。

(6)精车时,保证蜗杆的精度和较小表面粗糙度的主要措施是:大前角(纵向前角)薄切削,低速,刀刃平直,表面粗糙度小,以及充分加注切削液。为了减少切屑瘤的影响,有时可能采用"晃刀"切削,即开车一瞬间就停车,利用主轴转动惯性,但不停住,然后再反复开车停车。

(7)工件车好以后,要立即提起开合螺母,手柄恢复至正常走刀位置,以防事故发生。

七、评价方案

蜗杆车削任务评价见表9-3。

表9-3　蜗杆车削任务评价表

评价内容	评价依据	权重
知识	1.依据课堂提问回答情况 2.依据课时任务表完成情况	30%
技能	1.依据课内项目完成情况 2.依据课外项目完成情况	50%
态度(规范、仔细、对质量的追求、创造性等)	1.迟到早退1次各扣5分,旷课1次扣10分,累计3次及以上(包括迟到早退累计3次),取消该门课程的成绩 2.将手机、无关书籍、零食带进实训室1次扣5分 3.做和上课无关的事情各扣5分(聊天、睡觉、追逐打闹、不服从管理等) 4.迟交作业或不按项目要求完成作业1次扣5分	20%

模块二　车多线螺纹

一、模块描述

本模块是学生通过观察老师在车床上的加工过程的操作和观看PPT,经过老师的指导和反复练习,能够按考核表(表9-2)所列要求独立完成多线螺纹的车削(图9-6)。

表9-4 多线螺纹加工任务考核表

班级		小组		姓名		日期	
序号	考核内容		要求			分值	得分
1	沟槽	$\phi28$mm×12mm				10	
2	螺纹	Tr36×12 大径$\phi36^{\ 0}_{-0.0375}$mm 中径$\phi35^{-0.115}_{-0.425}$mm 小径$\phi29^{\ 0}_{-0.649}$mm 螺距6mm 牙侧$Ra1.6$ 牙型角30°				60	
3	倒角	2mm × 15°				10	
4	文明安全操作	1.安全着装 2.正确开启、使用车床 3.文明有序实习 4.正确摆放工量刃具				20	
		合计					

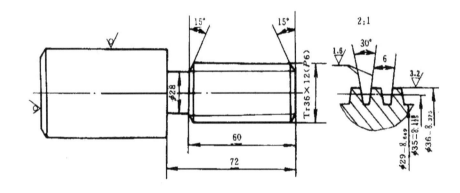

图9-6 车多线螺纹实习图

二、教学目标

(1)了解多线螺纹的技术要求。

(2)掌握多线螺纹的分线方法和车削方法。

(3)能分析废品产生的原因以及防止知识。

三、教学资源

(1)理实一体化教室。

(2)PPT多媒体教学课件(动画演示多线螺纹的分线车削方法)。

(3)砂轮机、车床5~10台,90°外圆车刀、切槽刀、梯形螺纹车刀若干、$\phi40$mm圆钢若干、游标卡尺、千分尺、公法线千分尺、磁座百分表各5个等。

（4）每人一张任务考核表。

四、教学组织

（1）实操前指导分组，每组4人，由组长、安全员和质检员组成；上岗实操，4人一台车床，1人操作，另选择1人监督，并填写任务表和安全文明操作部分内容；完成后，轮换岗位。

（2）通过PPT多媒体教学课件，演示车床加工过程，展现课程任务，演示操作过程，使学生感性认识车削过程。

五、教学过程

1.任务呈现

引入课程，使学生了解多线螺纹的种类及其用途。

2.任务分析

实物分析多线螺纹组成，确定车削方法。

3.教师演示操作

分析确定车削方法，实施车削任务。

4.学生独立操作

根据任务考核表完成工件车削。教师巡视指导。

5.评价展示

对完成的工件进行检测评价。

六、相关工艺知识

(一)多线螺纹

1.多线螺纹的技术要求

(1)多线螺纹的螺距必须相等。

(2)多线螺纹每条螺纹的牙型角、中径处的螺距要相等。

(3)多线螺纹的小径应相等。

2.车削多线螺纹应解决的的几个问题

(1)分线精度直接影响多线螺纹的配合精度，故首先要解决的是螺纹的分线问题。

(2)多线螺纹的分线方法较多，选择分线方法的原则是：既要简便，操作安全，又要保证分线精度，还应考虑加工要求，产品数量及机床设备条件等因素。

(3)车削多线螺纹应按导程挂轮。

（4）车削步骤要协调,应遵照"多次循环分线,依次逐面车削"的方法加工。

3.多线螺纹的分线方法

（1）轴向分线法,常用的有以下三种。

①利用小滑板刻度分线。利用小滑板的刻度值掌握分线时将刀移动的距离。即车好一条螺旋槽后,利用小滑板刻度使车刀移动一个螺距的距离,再车相邻的一条螺旋槽,从而达到分线的目的。

②用百分表、量块分线。当螺距较小(百分表量程能够满足分线要求)时,可直接根据百分表的读数值来确定小滑板的移动量。当螺距较大(百分表量程无法满足分线要求)时,应采用百分表加量块的方法来确定小滑板的移动量。这种方法精度较高,但车削过程中须经常找正百分表零位。

③利用对开螺母分线。当多线螺纹的导程为丝杠螺距的整倍数且其倍数又等于线数(即丝杠螺距等于工件螺距)时,可以在车好第一条线后,将车刀返回起刀位置,提起开合螺母使床鞍向前或向后移动一个丝杠螺距,再将开合螺母合上车削第二条线。其余各线的分线车削依次类推。

（2）圆周分线法。

①利用挂轮齿数分线。双线螺纹的起始位置在圆周上相隔180°,三线螺纹的三个起始位置在圆周上相隔120°。因此,多线螺纹各线起始点在圆周线上的角度等于360°除以螺纹线数,也等于主轴挂轮齿数除以螺纹线数。当车床主轴挂轮齿数为螺纹线数的整倍数时,可在车好第一条螺旋槽后停车,以主轴挂轮啮合处为起点将齿数作 n (线数)等分标记,然后使挂轮脱离啮合,用手转动卡盘至第二标记处重新啮合,即可车削第二条螺旋线,依次操作能完成第三、第四乃至 n 线的分线。分线时,应注意开合螺母不能提起,齿轮必须向一个方向转动。这种分线方法分线精度较高(决定于齿轮精度),但操作麻烦,且不够安全。

②利用三、四爪卡盘分线。当工件采用两顶尖装夹,并用三爪或四爪卡盘代替拨盘时,可利用三、四爪卡盘分线。但仅限于二、四线(四爪卡盘)、三线(三爪卡盘)螺纹。即车好一条螺旋线后,只需松开顶尖,把工件连同鸡心夹转过一个角度,由卡盘上的另一只卡爪拨动,再顶好后顶尖,就可车另一条螺旋槽。这种分线方法比较简单且精度较差。

③利用多孔插盘分线。分度盘固定在车床主轴上,盘上有等分精度很高的定位圆柱孔(一般以12个孔为宜,它可以分2、3、4、6及12个头的螺纹),被加工零件用鸡心夹头在两顶尖间装夹,车好第一条螺旋槽后,使工件转过一个所需要的角度,把定位锁插入另一个定位孔,

然后再车第二条螺旋槽,这样依次分头。如分度盘为12个孔,车削三个头的多线螺纹时,每转过四个孔分一个头。这种方法的分线精度取决于分度盘精度。分度盘分度孔可用精密镗床加工,因此可获得较高的分线精度。用这种方法分线操作简单,制造分度盘较麻烦,一般用于批量较大的多线螺纹的车削。

4.利用小滑板刻度分线车削多线螺纹应注意的问题

(1)采用直进法或左右切削法时,决不可将一条螺纹槽精车好后再车削另一条螺旋槽,必须采用先粗车各条螺旋槽再依次逐面精车的方法。

(2)车削螺纹前,必须对小滑板导轨与床身导轨的平行度进行校对,否则容易造成螺纹半角误差及中径误差。校对方法是:利用已车好的螺纹外圆(其锥度应在0.02/100范围内)或利用尾座套筒,校正小滑板有效行程对床身导轨的平行度误差,先将百分表表架装在刀架上,使百分表测量头在水平方向与工件外圆接触,手摇小滑板误差不超过0.02/100mm。

(3)注意"一装、二挂、三调、四查"。

一装:装对螺纹车刀时,不仅刀尖要与工件中心等高,还需要螺纹样板或万能角度尺校正车刀刀尖角,以防左右偏斜。

二挂:须按螺纹导程计算并挂轮。

三调:调整好车螺纹时床鞍、中滑板、小滑板的间隙,并移动小滑板手柄,清除对"0"位的间隙。

四查:检查小滑板行程能否满足分线需要,若不能满足分线需要,应当采用其他方法分线。

(4)车削多线螺纹采用左、右切削法进刀,要注意手柄的旋转方向和牙型侧面的车削顺序,操作中应做到三定:定侧面、定刻度、定深度。

5.小滑板分线车削螺纹的方法

(1)粗车的方法和步骤。

①刻线痕。第一步:用尖刀在车好的大径表面上,按导程变换手柄位置,轻轻刻一条线痕,即导程线,如图9-7(a)中线"1"。第二步:小滑板向前移动一个螺距,刻第二条线,即螺距线,如图9-7(a)中线"2"。第三步:小滑板向前移动一个牙顶宽刻第三条线,即牙顶宽线,如图9-7(a)中线"3"。第四步:将小滑板向前移动一个螺距,刻第四条线,即第二条牙顶宽线,如图9-7(a)中线"4"。

②通过刻线痕,确定各螺旋槽位置,然后采用左右切削法或分层切削法将各螺旋槽粗车

成型。

（2）精车的方法和步骤。精车采用循环车削法[图9-7（b）]。

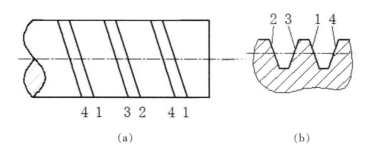

图9-7 多线螺纹的车削方法

①精车侧面"1"，只车一刀，小滑板向前移动一个螺距，车侧面"2"，也只车一刀，此为第一个循环。

②车刀向前移动一个螺距，车侧面"1"，只车一刀，小滑板向前移动一个螺距，车侧面"2"，也只车一刀，此为第二个循环。如此循环几次，见切屑薄而光、表面粗糙度达到要求为止。

③小滑板向后移至侧面"3"，精车侧面"3"，只车一刀，小滑板向后移动一个螺距，车侧面"4"，只车一刀，此为后侧面第一个循环。

④小滑板向后移动一个螺距，车侧面"3"，只车一刀，小滑板向后移动一个螺距，车侧面"4"，只车一刀，此为后侧面第二个循环。如此循环几次直至中径和表面粗糙度合格。

⑤精车各螺旋槽底径至尺寸，并达到表面粗糙度要求。这样经过循环车削，可以清除由于小滑板进刀造成的分线误差，从而保证螺纹的分线精度和表面质量。

6.双线梯形螺纹的测量

（1）中径精度的测量。用单针测量法。（由于相邻两个螺纹槽不是一次车成，故不能用三针测量）与单线梯形螺纹测量方法相同，分别测量两螺纹槽中径，至符合要求。

（2）分线精度测量。用齿厚卡尺测量。方法与测量蜗杆相同，分别测量相邻两齿的厚度，比较其厚度误差，确定分线精度。

（二）看生产实习图（图9-6），分析加工工艺，确定练习步骤

1.工艺分析

此件为双线梯形螺纹，导程为12mm，螺距为6mm。粗车时采用划线痕后分层切削法，精车时采用小滑板分线循环车削法。

2.加工步骤

（1）工件伸出80mm左右，找正夹紧。

（2）粗、精车外圆ϕ36mm×72mm。

（3）车槽ϕ28mm×12mm。

（4）两侧倒角ϕ29mm×15°。

（5）划线痕，确定各螺纹槽位置。

（6）分层切削法，粗车各螺旋槽（留精车余量）。

（7）小滑板分线，循环车削法，精车两螺旋槽至尺寸要求。

（8）检查，卸下工件。

（三）车削多线螺纹容易产生的问题及注意事项

（1）由于多线螺纹导程大，进给速度快，车削时首先要注意安全，避免碰撞。

（2）工件应装夹牢固，稳定可靠，以免因切削力过大而使工件移动，造成分线误差，甚至啃刀、打刀。

（3）多线螺纹导程升角大，必须考虑导程升角对车刀实际工作前角、后角的影响，刃磨车刀时两侧后角应根据走刀方向相应增减一个导程角。

（4）造成多线螺纹分线精度不准确的原因有以下几个。

①小滑板移动距离不准确，或没有消除间隙。

②工件未夹紧，致使工件转动或移位。

③车刀修磨后，没有严格对刀。

七、评价方案

多线螺纹加工任务评价见表9-5。

表9-5　多线螺纹加工任务评价表

评价内容	评价依据	权重
知识	1.依据课堂提问回答情况 2.依据课时任务表完成情	30%
技能	1.依据课内项目完成情况 2.依据课外项目完成情况	50%
态度（规范、仔细、对质量的追求、创造性等）	1.迟到早退1次各扣5分，旷课1次扣10分，累计3次及以上（包括迟到早退累计3次），取消该门课程的成绩 2.将手机、无关书籍、零食带进实训室1次扣5分 3.做和上课无关的事情各扣5分（聊天、睡觉、追逐打闹、不服从管理等） 4.迟交作业或不按项目要求完成作业1次扣5分	20%

车削偏心工件

项目描述

偏心工件就是零件的外圆和外圆或外圆与内孔的轴线平行而不相重合，偏一定距离的工件。本项目内容是车床加工中的一项重要工作内容。该项目包含在自定心卡盘上车削偏心工件和在单动卡盘上车削偏心工件两个任务模块。通过本项目的学习与实践，学会认识和车削加工偏心工件。

模块一　在自定心卡盘上车削偏心工件

一、模块描述

本模块是学生通过观察老师在车床上的加工过程的操作和观看PPT，经过老师的指导和反复练习，能够按考核表（表10-1）所列要求独立完成图10-1所示偏心工件的车削工作。

表10-1　偏心工件加工任务考核表

班级		小组			姓名		日期	
序号	考核内容		要求				分值	得分
1	直径		$\phi32^{-0.025}_{-0.064}$mm				10	
			$\phi22^{-0.020}_{-0.053}$mm				10	
2	长度		35mm				10	
			15mm				10	
3	偏心		4±0.15mm				30	
4	倒角		1mm×45°				10	
5	文明安全操作		1.安全着装 2.正确开启、使用车床 3.正确安装车刀和工件 4.正确使用工量具				20	
合计								

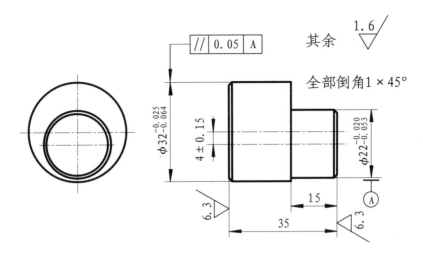

图10-1　车削偏心工件实习图(一)

二、教学目标

(1)掌握在三爪卡盘上垫垫片车偏心工件的方法。

(2)掌握偏心距的检查方法。

三、教学资源

(1)理实一体化教室。

(2)PPT多媒体教学课件(动画演示车床操作)。

(3)5~10台车床、φ35mm×40mm圆钢若干、外圆和端面车刀各10把、150mm游标卡尺10把、铜皮若干。

(4)每人一张任务考核表。

四、教学组织

(1)实操前指导分组,每组4人,由组长、安全员和质检员组成;上岗实操,4人一台车床,1人操作,另选择1人监督,并填写任务表和安全文明操作部分内容;完成后,轮换岗位。

(2)通过PPT多媒体教学课件,演示车床加工操作过程,展现课程任务,使学生感性认识加工过程。

五、教学过程

1.任务呈现

引入课程,使学生了解车削偏心件的操作。

2.任务分析

分析车削过程,确定车削工艺。

3.教师演示操作

分析确定车削用量,实施车削任务。

4.学生独立操作

根据任务完成车削,教师巡视指导。

5.评价展示

对工件进行检测评价。

六、相关工艺知识

如图10-2所示,在机械传动中,回转运动变为往复直线运动或往复直线运动变为回转运动,一般都是利用偏心零件来完成的,如车床床头箱用偏心工件带动的润滑泵、汽车发动机中的曲轴等。

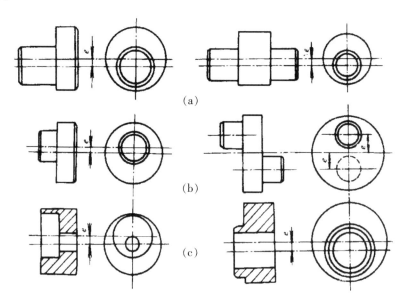

图10-2　偏心零件

偏心轴、偏心套一般都是在车床上加工。它们的加工原理基本相同,主要是在装夹方面采取措施,即把需要加工的偏心部分的轴线找正到与车床主轴旋转轴线相重合。一般车偏心工件的方法有五种,即在三爪卡盘上车偏心工件、在四爪卡盘上车偏心工件、在两顶尖间车偏心工件、在偏心卡盘上车偏心工件、在专用夹具上车偏心工件。结合中级车工教学大纲要求和生产实习需要,本模块中只重点介绍前两种车偏心工件的方法。

为确保偏心零件使用中的工作精度,加工时其关键技术要求是控制好轴线间的平行度和偏心距精度。

(一)偏心工件

1.车削方法

长度较短的偏心工件,可以在三爪卡盘上进行车削。先把偏心工件中的非偏心部分的外圆车好,随后在卡盘任意一个卡爪与工件接处面之间,垫上一块预先选好厚度的垫片,经校正母线与偏心距,并把工件夹紧后,即可车削。

垫片厚度可用近似公式计算;垫片厚度x=1.5e(偏心距)。若使计算更精确一些,则需在近似公式中带入偏心距修正值k来计算和调整垫片厚度,则近似公式为:

$x=1.5e+k$

$k \approx 1.5\Delta e$

$\Delta e=e-e_{测}$

式中:e——工件偏心距;

k——偏心距修正值,正负按实测结果确定;

Δe——试切后实测偏心距误差;

$e_{测}$——试切后,实测偏心距。

2.偏心工件的测量、检查

工件调整校正侧母线和偏心距时,主要是用带有磁力表座的百分表在车床上进行（图10-3）,直至符合要求后方可进行车削。待工件车好后为确定偏心距是否符合要求,还需进行最后检查。方法是把工件放入V型铁中,用百分表在偏心圆处测量,缓慢转动工件,观察其跳动量是否为8mm。

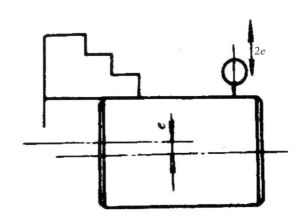

图10-3 偏心的距的测量与工件校正

(二)根据生产实习图(图10-1)确定练习件的加工步骤

(1)在三爪卡盘上夹住工件外圆,伸出长度50mm左右。

(2)粗、精车外圆尺寸至ϕ32mm,长至41mm。

(3)外圆倒角1mm×45°。

(4)切断,长36mm。

(5)车准总长35mm。

(6)工件在三爪卡盘上垫垫片装夹,校正,夹紧(垫片厚度约为5.62mm)。

(7)粗、精车外圆尺寸至ϕ22mm,长至15mm。

(8)外圆倒角1mm×45°。

(9)检查,卸下工件。

(三)容易产生的问题和注意事项

(1)选择垫片的材料应有一定硬度,以防止装夹时发生变形。垫片与卡爪脚接触面应做成圆弧面,其圆弧大小等于或小于卡爪脚圆弧;如果做成平面的,则在垫片与卡爪脚之间将会产生间隙,造成误差。

(2)为了保证偏心轴两轴线的平行度,装夹时应用百分表校正工件外圆,使外圆侧母线与车床主轴轴线行。

(3)安装后为了校验偏心距,可用百分表(量程大于8mm)在圆周上测量,缓慢转动,观察其跳动量是否是8mm。

(4)按上述方法检查后,如偏差超出允差范围,应调整垫片厚度后方可正式车削。

(5)为防止硬质合金刀头碎裂,车刀应有一定的刃倾角,切削深度深一些,进给量小一些。

(6)由于工件偏心,在开车前车刀不能靠近工件,以防工件碰击刀尖。

(7)在三爪卡盘上车削偏心工件,一般仅适用于精度要求不很高,偏心距在10mm以下的短偏心工件。

七、评价方案

偏心工件加工任务评价见表10-2。

表10-2 偏心工件加工任务评价表

评价内容	评价依据	权重
知识	1.依据课堂提问回答情况 2.依据课时任务表完成情况	30%
技能	1.依据课内项目完成情况 2.依据课外项目完成情况	50%
态度(规范、仔细、对质量的追求、创造性等)	1.迟到早退1次各扣5分，旷课1次扣10分，累计3次及以上（包括迟到早退累计3次），取消该门课程的成绩 2.将手机、无关书籍、零食带进实训室1次扣5分 3.做和上课无关的事情各扣5分（聊天、睡觉、追逐打闹、不服从管理等） 4.迟交作业或不按项目要求完成作业1次扣5分	20%

模块二 在单动卡盘上车削偏心工件

一、模块描述

本模块是学生通过观察老师在车床上的加工过程的操作和观看PPT，经过老师的指导和反复练习，能够按考核表(表10-3)所列要求独立完成在单动卡盘上车削图10-4所示偏心工件。

表10-3 偏心工件加工任务考核表

班级		小组		姓名		日期	
序号	考核内容		要求		分值		得分
1	直径		$\phi42mm$		10		
			$\phi32^{+0.025}_{0}mm$		10		
			$\phi22^{+0.021}_{0}mm$		10		
2	长度		35mm		10		
			20mm		10		
3	偏心		(4±0.15)mm		20		
4	倒角		牙型角 $\alpha=57°\sim60°$		10		
5	文明安全操作		1.安全着装 2.正确开启、使用车床 3.正确安装车刀、工件 4.正确使用工量具		20		
合计							

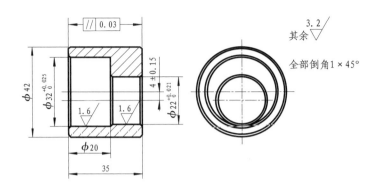

图10-4　车削偏心工件实习图(二)

二、教学目标

(1)掌握在四爪单动卡盘上车偏心工件的方法。

(2)掌握偏心距的检查方法。

三、教学资源

(1)理实一体化教室。

(2)PPT多媒体教学课件(视频演示操作过程)。

(3)5台车床,$\phi45×40$mm圆钢若干,外圆车刀、内孔车刀和端面车刀各10把、150mm游标卡尺10把、铜皮若干。

(4)每人一张任务考核表。

四、教学组织

(1)实操前指导分组,每组4人,由组长、安全员和质检员组成;上岗实操,4人一台车床,1人操作,另选择1人监督,并填写任务表和安全文明操作部分内容;完成后,轮换岗位。

(2)通过PPT多媒体教学课件,演示车床加工操作过程,展现课程任务,演示操作过程,使学生感性认识在四爪单动卡盘上车偏心工件的操作过程。

五、教学过程

1.任务呈现

引入课程,使学生了解车削偏心件的操作。

2.任务分析

分析车削过程,确定车削工艺。

3.教师演示操作

分析确定车削用量,实施车削任务。

4.学生独立操作

根据任务完成车削,教师巡视指导。

5.评价展示

对工件进行检测评价。

六、相关工艺知识

(一)划线

(1)把工件毛坯进行车削加工,使它的直径等于 D,长度等于 L(图10-5)。在轴的两端面和外圆上涂色,然后把它放在V型铁上进行划线,用高度尺(或划针盘)先在端面上和外圆上划一组与工件中心线等高的水平线,如图10-6(a)所示。

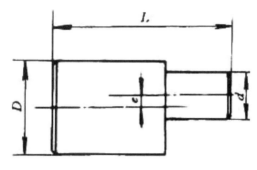

图10-5　划线零件图

(2)把工件转动90°,用角尺对齐已划好的端面线,再在端面上和外圆上划另一组水平线[图10-6(b)]。

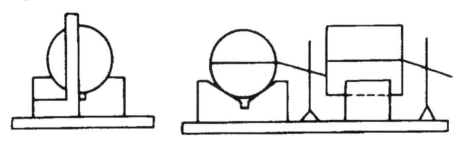

图10-6　在V型铁上划线

(3)用两角划规以偏心距 e 为半径,在工件的端面上取偏心距 e 值,作出偏心点。以偏心点为圆心、以偏心圆半径为半径划出偏心圆,并用样冲在所划的线上打好样冲眼。这些样冲眼应打在线上[10-7(b)],不能歪斜,否则会产生偏心距误差。

（4）把划好线的工件装在四爪卡盘上。在装夹时，先调节卡盘的两爪，使其呈不对称位置，另两爪成对称位置，工件偏心圆线在卡盘中央[图10-7(b)]。

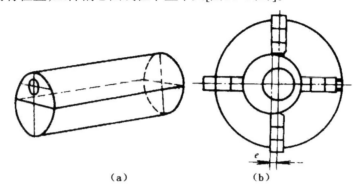

（a） （b）

图10-7 在四爪单动卡盘装夹工件

（5）在床面上放好小平板和划针盘，针尖对准偏心圆线，校正偏心圆。然后把针尖对准外圆水平线，如图10-8(a)所示，自左至右检查水平线是否水平。把工件转动90°，用同样的方法检查另一条水平线，然后紧固卡脚和复查工件装夹情况。

（6）工件校准后，把四爪再拧紧一遍，即可进行切削。在初切削时，进给量要小，切削深度要浅，等工件车圆后切削用量可以适当增加，否则就会损坏车刀或使工件移位（图10-8）。

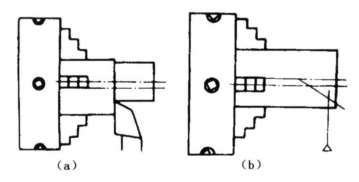

（a） （b）

图10-8 车削偏心的方法

（二）根据生产实习图（图10-4）确定练习件的加工步骤

（1）夹住外圆校正。

（2）粗车端面及外圆 ϕ42mm长36mm，各留精车余量0.5mm。钻ϕ30mm长20mm孔（包括钻尖）。

（3）粗、精车内孔ϕ32mm，长20mm至尺寸要求。

（4）精车端面及外圆ϕ42mm长36mm至尺寸要求。

（5）外圆、孔口倒角1mm×45°。

（6）切断工件长36mm。

（7）调头夹住工件φ42mm外圆并校正，车准总长35mm及倒角1mm×45°（控制两端面平行度在0.03mm之内）。

（8）在工件上划线，并在线上打样冲眼。

（9）按划线要求，在四爪卡盘上进行校正。

（10）钻φ20mm孔粗、精车镗内孔至尺寸φ22mm。

（11）孔口两端倒角1mm×45°。

（12）检查，卸下工件。

（三）容易产生的问题和注意事项

（1）在划线上打样冲眼时，必须打在线上或交点上，一般打四个样冲眼即可。操作时要认真、仔细、准确，否则容易造成偏心距误差。

（2）平板划线盘底面要平整、清洁，否则容易产生划线误差。

（3）划针要经过热处理，使划针头部的硬度达到要求，尖端磨成15°~20°的锥角，头部要保持尖锐，使划出的线条清晰、准确。

（4）工件夹紧后，为了检查划线误差，可用百分表在外圆上测量。缓慢转动工件，观察其跳动量是否为8mm。

七、评价方案

偏心工件加工任务评价见表10-4。

表10-4　偏心工件加工任务评价表

评价内容	评价依据	权重
知识	1.依据课堂提问回答情况 2.依据课时任务表完成情况	30%
技能	1.依据课内项目完成情况 2.依据课外项目完成情况	50%
态度（规范、仔细、对质量的追求、创造性等）	1.迟到早退1次各扣5分，旷课1次扣10分，累计3次及以上（包括迟到早退累计3次），取消该门课程的成绩 2.将手机、无关书籍、零食带进实训室1次扣5分 3.做和上课无关的事情各扣5分（聊天、睡觉、追逐打闹、不服从管理等） 4.迟交作业或不按项目要求完成作业1次扣5分	20%